O GRANDE LIVRO DAS BRUXAS E CURANDEIRAS

O GRANDE LIVRO DAS BRUXAS E CURANDEIRAS

CLARA LEMONNIER

TRADUÇÃO

Sofia Soter

goya

O GRANDE LIVRO DAS BRUXAS E CURANDEIRAS

TÍTULO ORIGINAL:
Le Grand Livre
des guérisseuses

COPIDESQUE:
Luciane H. Gomide

REVISÃO:
Suelen Lopes
Bonie Santos

CAPA:
Mateus Acioli

DADOS INTERNACIONAIS DE CATALOGAÇÃO NA PUBLICAÇÃO (CIP)
DE ACORDO COM ISBD

L557g   Lemonnier, Clara
O grande livro das bruxas e curandeiras / Clara Lemonnier ; traduzido por Sofia Soter.
- São Paulo, SP : Goya, 2024.
280 p. ; 16cm x 23cm.

Tradução de: Le Grand Livre des guérisseuses
ISBN: 978-85-76657-695-2

1. História das mulheres. 2. Mulheres. 3. Bruxaria. 4. Curandeirismo.
I. Soter, Sofia. II. Título

2024-2854   CDD 305.42
                  CDU 396

ELABORADO POR VAGNER RODOLFO DA SILVA – CRB-8/9410

ÍNDICES PARA CATÁLOGO SISTEMÁTICO:
1. Mulheres 305.42
2. Mulheres 396

COPYRIGHT © ÉDITIONS DE L'ICONOCLASTE, 2020
COPYRIGHT © EDITORA ALEPH, 2024

EDIÇÃO PUBLICADA MEDIANTE ACORDO COM ÉDITIONS DE L'ICONOCLASTE
E LVB & CO. AGÊNCIA E CONSULTORIA LITERÁRIA, RIO DE JANEIRO, BRASIL.

TODOS OS DIREITOS RESERVADOS.
PROIBIDA A REPRODUÇÃO, NO TODO OU EM PARTE,
ATRAVÉS DE QUAISQUER MEIOS, SEM A DEVIDA AUTORIZAÇÃO.

goya

é um selo da Editora Aleph Ltda.

Rua Bento Freitas, 306, cj. 71
01220-000 – São Paulo – SP – Brasil
Tel.: 11 3743-3202

WWW.EDITORAGOYA.COM.BR

@editoragoya

Para minha bisavó Antoinette, filha de curandeiro, que não recebeu o dom, mas me transmitiu os segredos.

SUMÁRIO

9   **INTRODUÇÃO**

13   **IDADE MÉDIA**
As mulheres sábias

29   **IDADE MÉDIA**
As mulheres dos remédios

49   **IDADE MÉDIA**
As mulheres que veem

67   **DO RENASCIMENTO À REVOLUÇÃO**
Destituídas, acusadas, desacreditadas

89   **SÉCULO 19**
Curandeiras ilegítimas mas fundamentais

131   **SÉCULO 20**
Terapeutas à margem da medicina

167   **SÉCULO 21**
A vingança das curandeiras?

197   **SÉCULO 21**
Nas mãos das curandeiras

253 CONCLUSÃO

257 NOTAS

275 AGRADECIMENTOS

277 SOBRE A AUTORA

INTRODUÇÃO

Na minha família, contam que quando meu pai era bebê, um de meus ancestrais o salvou. O velho encostou as mãos nele e recitou orações secretas. Sempre achei essa história fascinante. Alguns anos depois, me lembrei dela em meio a minha pesquisa em antropologia. Na época, estava pesquisando a saúde das mulheres no sudoeste da França. Ao ouvir as histórias delas, fui instigada a buscar uma nova perspectiva: para entender os métodos de cuidar que elas usavam, era preciso abandonar domínio médico e mergulhar no universo dos tratamentos alternativos. Encontrar os curandeiros e as curandeiras dos dias atuais.[1] Agora, porém, volto meu olhar para o passado.

A função de cuidadores do povo sempre foi ocupada por homens e mulheres que trabalham à margem do poder médico oficial. As mulheres, contudo, ficaram ainda mais cristalizadas no imaginário popular, nos medos e nas fantasias. Desde o início dos tempos, elas cuidam. Dizem que é "natural". Conhecemos as imagens mais difundidas dessas mulheres, como a "bruxa da fogueira" ou a *passeuse de feu*.* Todavia, mesmo invisíveis e relegadas, seu poder causa inquietação.

Este livro reúne os fragmentos esparsos da história desconhecida e misteriosa dessas mulheres. Conta a epopeia formidável dessas terapeu-

---

* *Passeur/passeuse* ou *coupeur/coupeuse de feu*, em tradução literal "passador(a)" ou "cortador(a) de fogo". É o nome dado a um tipo de curandeiro tradicional do interior da França, capaz de tratar queimaduras, insolações e outros males por meio do toque. [N. T.]

tas, da Idade Média aos dias atuais, à sombra da medicina convencional. Marginalizadas devido a seu gênero, sua origem social, suas crenças, elas reivindicam outros modos de cuidar. Até hoje, quando a medicina pode ser exercida por mulheres, essas curandeiras, seus remédios ancestrais e seus segredos de feiticeira ainda ocupam um lugar importante na sociedade. Na França, de onde escrevo, metade da população já procurou uma curandeira, ou seu equivalente masculino. Essa consulta é comum, mas continua cercada de segredos.

Consideradas incapazes

Há muito tempo as feministas denunciam as desigualdades infligidas às mulheres pelo pensamento patriarcal, convencido de sua "inferioridade natural". O gênero serviu de pretexto para um empreendimento de dominação e para expulsá-las de diferentes campos do saber. As mulheres foram consideradas incapazes de "cultura".

A biologia as confinou às tarefas ligadas à reprodução; é delas o dever de cuidar e nutrir o lar. Por necessidade, muito mais do que por suposta natureza, as mulheres desenvolveram saberes dos quais os homens frequentemente se mantiveram afastados. Seus conhecimentos em cuidados e remédios eram necessários para a própria sobrevivência e a de suas famílias. Nos conventos, na cidade ou no campo, elas se apropriaram de saberes médicos de modo confidencial, quase clandestino. Este livro conta como essas mulheres os adquiriram, transformaram e transmitiram, apesar do peso da opressão.

Simples crendices?

A ciência substituiu a Igreja como detentora de saberes legítimos. O que a ciência não pode provar não é visto como saber, mas como crendice. Essa oposição delineou a fronteira entre curandeiros e médicos. As mulheres que cuidam, consideradas "naturalmente" menos intelectuais e mais receptivas às experiências da ordem do invisível, por muito tempo foram consideradas ignorantes, e também mais crédulas e perigosas. Assim, as curandeiras — muito mais do que os curandeiros — foram condenadas ao ostracismo pelos poderes religioso, científico e político. Contudo, a riqueza de seus conhecimentos, ancestrais ou atualizados ao longo dos séculos, se mantém.

Medicina de resistência, criativa e curiosa

"Por séculos, as mulheres foram médicas sem diploma, proibidas de acessar os livros, aprendendo entre si e transmitindo experiências de vizinha a vizinha, de mãe para filha", escreveram Barbara Ehrenreich e Deirdre English, autoras do best-seller dos anos 1970 *Bruxas, parteiras e enfermeiras*. Na época da redação do livro, 70% dos profissionais de saúde nos Estados Unidos eram mulheres, que, em sua maioria, tinham funções "operacionais", como enfermeiras, parteiras e auxiliares, em uma indústria da saúde comandada por uma quantidade esmagadora de homens. Na França, alguns anos mais tarde, as enfermeiras e parteiras iniciaram uma luta pela revalorização de suas profissões, quase exclusivamente femininas.

Em paralelo, as medicinas consideradas "complementares", "alternativas" ou "tradicionais" são foco de renovado entusiasmo, enquanto a medicina oficial é cada vez mais criticada. As curandeiras se profissionalizam sem o consentimento de autoridades médicas e jurídicas. Elas propõem tratamentos que, como antigamente, aliam o concreto ao simbólico, as plantas às rezas, o visível ao invisível. Os procedimentos evoluíram. Inspirados por tradições médicas de lugares diversos, se utilizam tanto das ciências quanto das paraciências, e as praticantes continuam a combiná-los em busca de melhor eficácia. Essas novas curandeiras exercem uma medicina repleta de sincretismo e criatividade. Embora tradicionalmente marginalizadas, são cada vez mais presentes e reconhecidas na paisagem terapêutica. Será que conseguirão vingar suas antepassadas?

Mulheres e curandeiras, uma mesma luta

A história das curandeiras é indissociável da história das mulheres. Na França do século 20, a luta por igualdade começou no terreno dos direitos: o direito ao voto, depois à contracepção, ao aborto, ao divórcio... Por fim, foi essa luta que legitimou o lugar das mulheres no lado da "cultura". Porém, seu lugar no lado da "natureza" foi praticamente esquecido, e até negado. A revolução feminina contemporânea trabalha pelo reconhecimento do corpo das mulheres. As lutas atuais exploram o que há muito as oprime, para enfrentar o modelo cultural, político e econômico dominante. Ao propor novos modos de apreender o próprio corpo e as emoções, as curandeiras de hoje inspiram outras maneiras de ser mulher — e também, para quem se aventura, de ser homem.

Um livro de saberes e práticas

Este livro explora as diferentes facetas das curandeiras através dos tempos, revela práticas pouco conhecidas, exuma rezas, encantos e segredos de bem-estar. Por que as matronas usavam amuletos no momento dos partos? Por que a colheita de plantas era parte dos rituais na Idade Média? Por que consideravam a influência dos astros na saúde? Por que as curandeiras começaram a utilizar pêndulos? Desde quando a medicina chinesa faz parte de seus recursos terapêuticos? Vamos mergulhar em um universo no qual avós camponesas, comadres, adivinhas, curandeiras, xamãs, magnetizadoras, sofrólogas, energizadoras, *coupeuses de feu*... cuidam, discretamente, de todos. De nós.

IDADE MÉDIA

AS MULHERES SÁBIAS

As curandeiras sempre foram "mulheres-que-ajudam".[1] Foram gerações de mulheres reconhecidas por exercer atividades de apoio, socorro, cuidado etc. No papel de guardiãs do lar, as mulheres garantiram a subsistência da família, além de a protegerem de doenças e do ataque de feitiçarias. As curandeiras estiveram entre as mais experientes desse grupo. Elas conheciam os remédios, os gestos e as palavras da cura. Toda comunidade camponesa passou por suas mãos habilidosas. Entre essas mulheres, algumas foram iniciadas na arte do parto. Designadas por seus pares para cumprir esse papel, elas garantiram e transmitiram a essência da solidariedade feminina.

As donas de casa

Na Idade Média, em um mundo essencialmente rural e camponês, as mulheres tinham papel central no campo do cuidado. Tratavam das doenças infantis, das dores femininas, dos males ligados ao trabalho ou à idade. Eram responsáveis pela saúde da família ou daqueles para quem trabalhavam. Esses cuidados vinham do espaço doméstico (*domus*, em latim, significa "casa"), o âmbito feminino por excelência. Eram elas que deveriam "zelar" pelo lar. A Igreja as encorajou a manter-se dentro de casa, para afastá-las da tentação e do pecado. Como o convento onde se enclausuravam as virgens consagradas, a casa devia, de acordo com o clero, proteger as mulheres de si próprias e da influência nefasta de outras mulheres.[2]

Suas tarefas eram inúmeras, e suas competências, reconhecidas. Era em casa, e pelas mãos das mulheres, que nasciam os novos membros da comunidade aldeã, que se educavam as crianças, que se alimentava a família e que seus membros recebiam cuidados.[3] As mulheres tiravam disso forte legitimidade.

Efetuavam um trabalho considerável para alimentar a família e, ocasionalmente, complementar a renda graças à venda da produção agrícola: elas aravam, podavam e plantavam, alimentavam e tosavam as ovelhas, cortavam lenha, colhiam ovos, abatiam e depenavam as galinhas, ordenhavam as vacas, batiam a manteiga, sovavam o pão, cortavam e cozinhavam o toucinho e os legumes, filtravam a cerveja e salgavam as carnes. Cultivavam também pequenas hortas e pomares, e colhiam ervas e frutas nos prados e nas florestas. Sua culinária era baseada em conhecimentos de nutrição popular transmitidos pelas mães. Em épocas de vacas magras, nas famílias mais pobres, essas culturas domésticas possibilitavam a sobrevivência do lar.[4] Com as plantas que colhiam ou cultivavam, preparavam remédios simples e eficazes para a família e para os animais. As camponesas criavam aves e animais menores, dos quais sabiam tratar. Podiam também usar esse conhecimento veterinário para ajudar o próximo. Entre humanos e outros animais, elas limpavam feridas, examinavam e massageavam o corpo dolorido de outras pessoas para aliviar o incômodo e revigorar. Seu papel no lar era claro: elas cuidavam da vida.[5]

As atividades de limpeza ocupavam uma posição importante nos trabalhos domésticos. A palha que cobria o piso nos cômodos particulares era trocada com frequência; os poucos móveis, polidos; e os utensílios, consertados. Queimavam plantas perfumadas para limpar o ar e posicionavam talismãs e objetos religiosos em seus devidos lugares para proteger a casa.[6] Esses gestos práticos tinham também sentido simbólico: serviam para purificar e proteger o ambiente.[7]

As mulheres "zelavam" pelo lar ao cuidar dele, mas também ao defendê-lo contra feitiços e ações de entidades nefastas e malignas. Algumas chegavam a montar pequenos altares. Se convidavam sacerdotes à sua casa, era pelo dever de atentar-se à moralidade e à vida espiritual do esposo e dos filhos. Elas garantiam a passagem futura ao além e o reconhecimento da alma.[8]

As senhoras

Os médicos formados nas universidades fundadas nos séculos 12 e 13 eram raros no campo, e seu serviço era reservado à elite. As curandeiras, reconhecidas pelos camponeses por seu *savoir-faire*, eram um dos primeiros recursos quando os doentes não podiam ser tratados em casa. Essas "senhoras" estavam entre os especialistas mais buscados, ao lado de feirantes, ferreiros, açougueiros e barbeiros. Aquelas e aqueles que tinham mão firme e conhecimento manipulavam os membros e aliviavam luxações e fraturas. Também havia os mais generalistas, sem o estudo da medicina "culta", que cumpriam o ofício de médicos, veterinários e boticários.[9]

Como é o caso dos outros terapeutas, essas senhoras eram socialmente próximas dos camponeses, e em geral recebiam pagamento em permuta ou serviço. Muitas vezes viúvas e já na menopausa, circulavam mais facilmente do que as moças e as esposas, cerceadas ao lar. A idade avançada também as tornava mais disponíveis, pois tinham menos serviços domésticos ou agrícolas a assumir. Elas haviam chegado à idade da sabedoria e, portanto, eram mais respeitadas.

Experiência de vida indispensável

Para exercer a atividade de curandeira, era indispensável ter verdadeira experiência de vida. Em sua maioria, essas mulheres tinham vivido na pele as dores que tratavam: a maternidade e suas dificuldades, a exaustão do trabalho cotidiano, os efeitos da idade e, de modo mais geral, as dores e os sofrimentos das provações da existência.

Essa maturidade as distinguia das enfermeiras religiosas, que percebiam o corpo — em particular o das mulheres — como uma fraqueza, especialmente moral. Também as diferenciava dos médicos, que, até hoje, se formam ainda jovens, sem ter passado pelas maiores dificuldades da vida.[10] Seus remédios e gestos eram considerados confiáveis, pois se mostravam eficazes em diversas ocasiões.

As senhoras herdaram os segredos das ancestrais que lhes ensinaram os gestos e as palavras da cura. Elas foram orientadas e guiadas para adquirir mais habilidade e confiança. Pouco a pouco, encorajadas a se tornarem curandeiras, deviam, por sua vez, transmitir o que aprenderam.[11] Essa medicina decididamente misturava conhecimentos de origens diversas: farmacopeias tradicionais e teorias médicas antiquadas e popularizadas ao longo dos séculos, crenças herdadas de paganismos antigos ou vindas da religião cristã.

Remédios naturais e sobrenaturais

A *importância dos ciclos*

As curandeiras frequentemente eram analfabetas e não tinham acesso aos textos médicos medievais, baseados na medicina greco-romana antiga. Não conheciam a teoria geral desenvolvida pelo médico grego Hipócrates e por seus sucessores, nem mesmo o princípio dos quatro humores — sangue, fleuma, bile amarela e bile negra — que compunham então o equilíbrio do corpo e determinavam o estado de saúde. Porém, compartilhavam com os médicos do período medieval a ideia de que as pessoas são integradas ao ambiente e de que o corpo se submete às mesmas regras da natureza. Era preciso, portanto, manter o equilíbrio frágil, mas poderoso, da vida e respeitar o ritmo das estações, assim como o movimento dos astros.[12]

O ciclo das estações correspondia às diferentes idades da existência: a primavera (elemento fogo) estava ligada à infância; o verão (elemento ar), à idade madura e ao vigor; o outono, governado pela água, à sabedoria dos anciões; e o inverno, à velhice que precede a morte e retorna à terra. O cosmo inteiro era composto dos mesmos elementos, de modo que cada constelação do zodíaco tinha correspondentes simbólicos na natureza e em partes diferentes do corpo. A lua, por exemplo, era vista como fria e úmida (elemento água) e simbolizava a menstruação que ditava o ritmo da vida das mulheres férteis. Os alimentos e remédios, de acordo com suas qualidades (quentes, frios, úmidos, secos) e virtudes, possibilitavam restabelecer o equilíbrio de humores e da saúde.[13]

O ciclo das estações correspondia às diferentes idades da existência: a primavera (elemento fogo) estava ligada à infância; o verão (elemento ar), à idade madura e ao vigor; o outono, governado pela água, à sabedoria dos anciões; e o inverno, à velhice que precede a morte e retorna à terra.

Mistura de cristianismo e paganismo

A eficiência dos remédios e gestos dependia sempre de invocações mágicas e orações que os acompanhavam e reforçavam o cuidado no campo simbólico. As curandeiras explicavam aos doentes a causa do mal e informavam as intervenções divinas necessárias para livrar-se da dor. Elas se inspiravam tanto no cristianismo quanto no paganismo.

A água de certas fontes era objeto de veneração pagã desde a Antiguidade, e era utilizada por curandeiras que conheciam os poderes específicos de cada nascente. Pouco a pouco, essas fontes milagrosas foram cristianizadas e atribuídas a santos padroeiros. As curandeiras tinham a tendência de conservar hábitos vindos de ritos antigos, mas disfarçados sob o semblante do cristianismo (o que a Igreja encorajou, tolerou e, só depois, condenou): as virtudes associadas a determinado monumento megalítico ou nascente passavam a ser, sim, associadas a santos, mas se escolhia invocar seus poderes milagrosos de modo direto — diferentemente de antes, quando se invocavam os deuses pagãos para pedir saúde.[14] Ao mesmo tempo, o pensamento cristão difundia a ideia de que os males e doenças eram castigos divinos que puniam as pessoas por seus pecados. Se Deus castigava, podia também perdoar, desde que o doente se arrependesse e levasse uma vida mais pia. As curandeiras, então, rezavam para implorar pela saúde dos doentes que deviam tratar e esperavam, assim, reforçar a eficiência do tratamento e, talvez, até atrair milagres. Seu fervor religioso era tamanho que, às vezes, eram convocadas pela Igreja para difundir a crença cristã entre as massas camponesas.[15]

> **Oração a santa Apolônia para tratar dor de dente**
>
> Santa Apolônia
> A divina,
> sentada ao pé da árvore,
> sobre um bloco de mármore,
> Jesus nosso pastor,
> que passa lá como benfeitor,
> "Apolônia", lhe diz,
> "o que a maldiz?
> Sou aqui o mestre divino,
> para dor, e não desatino;
> trato do sangue, de acidente,
> e de minha dor de dente.
> Apolônia, a fé já tem,
> pela minha graça que a mantém,
> se gota de sangue for, cairá,
> e se for verme, morrerá."*
>
> — Charles Nisard, *Histoire des livres populaires*, 1864[16]

---

* No original: "Sainte Apolline / La divine, / Assise au pied d'un arbre, / Sur une pierre de marbre, / Jésus notre sauveur, / Passant par là par bonheur, / Lui dit: « Apolline, / Qui te chagrine ? / — Je suis ici maître divin, / Pour douleur et non pour chagrin; / J'y suis pour mon chef, pour mon sang, / Et pour mon mal de dents. / — Apolline, tu as la foi, / Par ma grâce retourne-toi, / Si c'est une goutte de sang, elle cherra, / Si c'est un ver, il mourra". [N. T.]

Contudo, as curandeiras não consideravam que o Deus cristão fosse a origem de todos os males. A Idade Média estava repleta de fadas, espíritos e demônios herdados dos pagãos, capazes de satisfazer e curar, de enfraquecer e matar. Magia e feitiçaria eram muito presentes nas medicinas populares medievais. Ambas tinham como objetivo ordenar que esses poderes sobrenaturais cumprissem o bem ou parassem o mal. Magos e feiticeiros, sendo homens ou mulheres, eram ao mesmo tempo admirados e temidos, pois, se podiam curar ao invocar os demônios, podiam igualmente comandar sortilégios e maldições.

Magos e feiticeiras

Os magos eram em sua maioria homens, absortos pela descoberta dos mistérios da natureza e pela elaboração de uma visão cosmológica do mundo. A magia era erudita e escrita. A feitiçaria, mais popular e transmitida pela fala, era uma atividade vista como feminina e, nesse momento, não era percebida como diabólica. Era uma forma de magia considerada profana por não depender de teorias. Seu dever era principalmente ser útil, estar a serviço das pessoas tocadas por dores, infortúnios e doenças. Vítimas de feitiços e doentes confiavam nas senhoras que, entre seus talentos de curandeira, tinham a habilidade de pronunciar invocações e fabricar talismãs que comandavam as forças sobrenaturais.

Na magia "erudita", considerava-se que todo o mundo vivo, inclusive a natureza e os seres humanos, era composto por quatro elementos — fogo, ar, água e terra —, em proporções e misturas variáveis. Para os magos, o mundo era uma rede vasta de correspondências entre esses quatro elementos, as quatro estações, os quatro pontos cardeais, os quatro humores hipocráticos (sangue, fleuma, bile amarela e bile negra), as partes do corpo, as idades da vida, as constelações, as plantas e os minerais. O corpo humano era, portanto, considerado um microcosmo que refletia o macrocosmo do universo. As curandeiras aproveitavam certos elementos dessa teoria, mas não se preocupavam em saber o porquê de tais fórmulas, desde que dessem resultado.[17] Sua magia-feitiçaria admitia essas relações próximas entre microcosmo e macrocosmo, mas se baseava, principalmente, em dois princípios fundamentais: a imitação e o contágio.[18] De acordo com o princípio da imitação, era preciso tratar "o semelhante pelo semelhante", ou, em outras palavras, "o mal pelo mal". Um órgão era tratado por uma substância ou palavra que a ele se assemelhasse em por cor, forma, som, caráter, "identidade". Por exemplo, a pulmonária é uma planta perene de flores alveoladas e folhas manchadas. Sua forma lembra o pulmão dos tuberculosos, mal que supostamente curava. Também era possível utilizar o princípio da imitação para fins malignos: por exemplo, ao perfurar com agulhas um boneco de cera representando a pessoa que queremos ver sofrer. O princípio da imitação também podia funcionar de modo inverso: a cura pelo contrário, ao aplicar o frio para baixar a febre, ou substâncias secas em reumatismos causados pela umidade.

> **Simpatia para se prevenir contra doenças**
>
> Para não temer mal algum, colha cardo silvestre apenas quando a Lua estiver em Capricórnio. Enquanto o levar consigo, nada lhe acometerá.
>
> — Pseudo-Apuleio, *Herbarius*, século 4[19]

O princípio do contágio, por sua vez, baseava-se na ideia de um contato, real ou simbólico, que transmitia as forças de um animal, vegetal ou entidade sobrenatural a um ser humano. Por contágio, a pessoa iria adquirir suas características, positivas ou negativas. A cabeça do morcego, animal noturno, era, por exemplo, utilizada como talismã para combater a sonolência.

* * *

A medicina das senhoras curandeiras misturava, assim, conhecimentos empíricos adquiridos ao longo das gerações, a religião e a magia-feitiçaria. Essas curandeiras trabalhavam em uma sociedade que considerava a doença um transtorno ao mesmo tempo físico, social e espiritual. Ela não ameaçava apenas a saúde do doente, mas também o equilíbrio da família, do cosmo ao qual ele pertencia e do divino de quem era criação. As pessoas adoeciam devido a atitudes excessivas ou a faltas diante da comunidade e forças naturais, sobrenaturais e divinas. Para tratá-las, as curandeiras deviam encontrar a causa do mal e restabelecer todos os equilíbrios perdidos. Deviam praticar curas de ação concreta e simbólica. Portanto, serviam como intermediárias entre humanos e os mundos invisíveis: era assim que possibilitavam que doentes e afligidos recobrassem a saúde e seu lugar no grupo de aldeões, no movimento do cosmo e na comunidade de Deus.

Um órgão era tratado por uma substância ou palavra que a ele se assemelhasse em cor, forma, som, caráter, "identidade". Por exemplo, a pulmonária é uma planta perene de flores alveoladas e folhas manchadas. Sua forma lembra o pulmão dos tuberculosos, mal que supostamente curava.

> **Remédio contra a sonolência**
>
> Se der a cabeça do morcego para ser carregada por aquele que sofre de febre terçã ou quartã, ou de letargia, ou de sonolência, ele será curado.
>
> — Grécia, século 14, ΚΥΡΑΝΙΣ I., De Mély Fernand[20]

Matronas, ícones da solidariedade feminina

O nascimento era um trabalho exclusivamente feminino. Nas aldeias medievais, as mulheres escolhiam, dentre as curandeiras, aquelas que lhes ofereceriam assistência durante o parto.[21]

Parteiras da sombra

Ainda na Grécia antiga, acreditava-se que a doença nascia da vontade dos deuses e das deusas. As mulheres eram excluídas das escolas de medicina, como a célebre escola de Hipócrates, e não podiam exercer sua prática nos templos, reservados aos sacerdotes. Elas eram relegadas a dois âmbitos de cuidados menos valorizados: a saúde da família e o parto. A obstetrícia se tornou a especialidade das parteiras gregas, que a praticavam graças a conhecimentos herdados das medicinas egípcia e hebraica. Seus saberes eram reconhecidos por certos médicos: Hipócrates se inspirava nisso para suas lições de obstetrícia e ginecologia. A medicina hipocrática considerava as mulheres seres diferentes dos homens, mais frágeis, desequilibradas pelos fluidos corporais (sangue menstrual e leite) e submissas às pulsões do útero, moderadas pela prática sexual e pela gravidez.[22]

As parteiras eram forçadas a trabalhar nas sombras, sob risco de condenação. O reconhecimento de sua arte era difícil, pois suas concepções do cuidado e do corpo feminino diferiam das dos médicos. Elas conheciam melhor do que eles a mecânica do corpo no momento do parto e tinham a missão de utilizar procedimentos que facilitassem o expulsivo e a dequitadura.

Uma das primeiras mulheres ginecologistas, Agnodice, a "parteira de Atenas", foi julgada no século 4 a.C. Nascida em uma família de elite, não aceitava a lei que proibia a mulheres e escravizados o acesso a estudos de medicina e que reservava a arte do parto aos médicos, apesar de as parturientes preferirem as parteiras. Encorajada pelo pai, cortou o cabelo e se disfarçou com roupas e nome masculinos. Foi brilhante em seus estudos e invejada por seu sucesso entre as mulheres de Atenas. Também foi acusada de tentar seduzi-las, mas, ao revelar a verdadeira identidade para se inocentar, acabou julgada por se travestir e descumprir a lei. Ela foi liberada graças à pressão exercida pelas mulheres atenienses contra os juízes.[23]

A queda da Grécia e a ascensão do Império Romano não enfraqueceram a influência da medicina hipocrática nem revalorizaram as mulheres cuidadoras. Nem mesmo as mulheres da elite — ilustres pela qualidade de sua arte, como a parteira Aspásia no século 2 — eram reconhecidas pelos "verdadeiros" médicos. Os remédios e encantos das parteiras de origem mais modesta tinham, contudo, confiança total da população. Os médicos não viam o fato com bons olhos, e os mais conciliadores entre eles consideravam necessário educar as parteiras com as ciências fundamentais da época e as terapias conhecidas. O objetivo era favorecer o desenvolvimento da criança *in utero*, assim como um bom parto, mas também regular o nascimento por meio de métodos contraceptivos e abortivos.

As parteiras eram forçadas a trabalhar nas sombras, sob risco de condenação.

O filósofo e médico Sorano de Éfeso, reconhecendo a importância das parteiras, redigiu para elas uma obra importante, intitulada *Doenças das mulheres* (século 2 d.C.), que propõe uma síntese dos conhecimentos obstétricos da época. Outros médicos, mais virulentos, chamavam as parteiras de prostitutas, abortistas e bruxas, crimes de punição severa na época do desenvolvimento da influência do cristianismo, carregado de misoginia e rejeição ao paganismo.[24]

Após a queda do Império Romano, os médicos eram raros no mundo camponês, e, de qualquer modo, seus serviços eram caros demais para serem contratados nos partos. A medicina desenvolvida na época nos monastérios também não intervinha nesse âmbito: o pensamento cristão era marcado pela repulsa às mulheres e ao corpo feminino. A Igreja considerava que todas carregavam a responsabilidade da primeira mulher, Eva, que precipitou a Queda, e eram culpadas de suscitar o desejo, a tentação e o pecado. O parto e o cuidado das mulheres continuavam, então, exclusivamente no domínio feminino.

Experiência carnal

No ambiente rural medieval, as parteiras eram chamadas de "matronas" — palavra que designava, na Antiguidade romana, as mulheres casadas, de idade madura, dignas e respeitáveis. As parteiras eram também mães: conheciam a gravidez, o parto e a amamentação. Frequentemente mais velhas, tiveram experiência íntima com esses momentos marcantes da vida. Apesar de não poderem mais conceber, guardavam no corpo a memória desses acontecimentos.

Sabemos pouco sobre essas mulheres. Além da experiência pessoal com o parto, que já constituía um saber respeitado, as matronas adquiriam conhecimento e prática ao auxiliar parteiras mais velhas, que transmitiam a elas seus gestos, suas receitas e palavras, ensinando também as qualidades de observação, habilidade e sangue-frio de que iriam precisar. A essas competências práticas se somavam os princípios reinterpretados da medicina hipocrática, os conhecimentos das plantas que aliviam e os encantamentos e atos simbólicos, pagãos e cristãos, que protegiam as mulheres e seus bebês.[25]

As matronas se deslocavam de casa em casa, entre os quartos das parturientes. Deviam ter tato e ser reativas, discretas, comedidas, virtuosas, robustas e cuidadosas.[26] Não tinham papel apenas terapêutico, mas também forte dimensão social e simbólica. Eram iniciadas que orientavam a passagem das moças à posição valorizada de mães e tornavam as crianças por nascer novos membros da comunidade — o que seria confirmado, alguns dias depois, pelo vigário no batizado.[27] Elas eram guardiãs de uma forte solidariedade feminina e não cobravam por isso, mas aceitavam de bom grado doações em escambo ou serviços.

Gestações acompanhadas

A parteira intervinha desde o início da gravidez, especialmente com conselhos sobre alimentação. De acordo com os tratados médicos da época, a mulher grávida não menstruava porque seu sangue menstrual alimentava o feto durante a gestação. Devia, portanto, seguir uma dieta à base de alimentos conhecidos por reforçar o sangue e o calor do corpo. Essas recomendações e proibições alimentares perduraram, sob outras formas, até hoje.

As mudanças alimentares de grávidas suscitaram atenção especial na Idade Média, a ponto de, no século 16, os "desejos" já estarem arraigados nas crenças populares, para surpresa dos médicos. As matronas e outras mulheres próximas cuidavam de satisfazer os desejos espontâneos e sem sentido (vinho, amora, morango...), sem os quais a grávida corria o risco de sofrer crises alérgicas de coceira. As matronas recomendavam, então, coçar partes do corpo pouco visíveis, pois os desejos insatisfeitos podiam deixar marcas na mesma área do corpo da criança por nascer (na forma de manchas vermelhas ou deformidades): se aparecer uma mancha, que ao menos seja na bunda![28] Os desejos traduziam uma concepção amplamente compartilhada da gravidez: um tempo particular em que o corpo da mãe e o da criança que ela gesta estão em comunicação estreita. Acreditava-se, também, que as ações da mãe podiam ter repercussão negativa no desenvolvimento do bebê. As grávidas não deviam ver nada de assustador para não arriscar uma deformidade na criança, não deviam dar nós em linha para evitar que o cordão umbilical apertasse o pescoço do bebê, nem pular fossas ou riachos para evitar abortos espontâneos ou partos prematuros.[29] Era raro aconselhar repouso às camponesas, que não podiam interromper o trabalho cansativo no campo. Também acreditava-se que a atividade física as preparava para o parto e reforçava, por contágio, o vigor da criança por nascer.

Até o parto

O parto ocorria no quarto da futura mãe ou da futura avó materna. Outras mulheres — avós, tias, irmãs e vizinhas com quem ela convivia na cozinha ou no lavatório público —, todas casadas e mães, participavam do evento. As parentes confortavam a parturiente, traziam roupas, comidas e bebidas, e contavam suas experiências. O parto era um momento de convivência feminina, cuja intensidade era compartilhada entre as iniciadas e a parturiente, entre o medo de uma provação potencialmente fatal e a espera de um maravilhoso acontecimento. O marido podia também cumprir certas tarefas úteis: acender a lareira, esquentar água, abraçar a esposa que decidia parir agachada ou na cadeira. Se ele tivesse experiência com o parto do gado, também podia auxiliar a parteira no caso de complicações.[30]

A parteira facilitava o parto ao dar às mulheres bebidas à base de plantas que estimulavam o processo de saída do bebê. Essas mesmas plantas, como a artemísia ou a figueira, eram utilizadas, em proporção diferente, para "fazer descer" a menstruação e provocar abortos. A matrona podia aplicar unguentos à base de raízes de malvaísco moídas ou recomendar banhos de assento em infusões de plantas calmantes para preparar o corpo para a passagem da criança. Fumigações ou a apresentação de certas pedras diante do sexo da parturiente eram métodos para fazer o bebê descer. A parteira deixava as futuras avós e as mulheres mais próximas pousarem talismãs de pano, contendo invocações e orações, no ventre da parturiente. Rosas-de-jericó eram distribuídas pelo cômodo: essas plantas sem raiz vivem por muito tempo sem água, encolhidas, e eram transmitidas entre gerações. Umedecida no momento do parto, essa erva se abria como uma vulva, e por analogia conferia poder à parturiente.[31]

As dores do parto eram aceitas como reprodução do castigo divino infligido a Eva. Porém, era papel das parteiras tentar aliviá-las. Certos remédios, especialmente aqueles confeccionados com o esporão, deviam ter doses precisas, para não se tornarem veneno.[32] As parteiras e as outras mulheres também podiam recorrer à religião e à magia para invocar a proteção da mãe e da criança. As preces eram dirigidas à Virgem Maria, poderosa protetora e modelo absoluto da maternidade espiritual, ou à santa Margarida, padroeira das mulheres no parto.

O pensamento pagão, ainda muito presente, interpretava os transtornos, as doenças, a esterilidade, as complicações do parto e a morte como resultado de ações de entidades sobrenaturais, até demoníacas, que tinham também o poder de aliviar os males que causam. As matronas mesclavam encantamentos pagãos a preces cristãs no tratamento, para torná-lo mais eficaz.[33]

Quando o parto ocorria sem complicações, a parteira cortava o cordão umbilical, fazia uma primeira limpeza no bebê e o embrulhava em panos limpos ou em uma camisa do pai. A criança, assim, se separava do envoltório materno, formado pela placenta, e passava para um envoltório que simboliza o vínculo com a linhagem paterna e a entrada na vida social. A parteira devia também tratar da expulsão completa da placenta, que era, em seguida, entregue ao pai. Ele tinha a tarefa de enterrá-la, um gesto que partia ao mesmo tempo de rituais cristãos e da concepção pagã de retorno à terra. Era a continuidade do ciclo da vida.[34]

Rosas-de-jericó eram distribuídas pelo cômodo: essas plantas sem raiz vivem por muito tempo sem água, encolhidas, e eram transmitidas entre gerações.

Quando o bebê se apresentava pelos pés ou pelo quadril, as matronas tentavam manobrá-lo. Quando a mãe morria, elas tentavam, por todos os métodos, salvar o bebê, e algumas praticavam até mesmo cesarianas *post-mortem*. Se o bebê morria durante o parto, as parteiras realizavam um último gesto de proteção. Encorajadas pela Igreja, a partir do século 15 passaram a praticar o batismo de emergência: derramavam água benta no pequeno corpo (ou a injetavam *in utero*) para que a alma da criança subisse ao céu e não fosse condenada a vagar eternamente pelo purgatório. Elas também encorajavam os pais a levar os natimortos a santuários específicos, onde o corpo era depositado em um pequeno altar. Lá, imploravam ao santo padroeiro para trazer a criança de volta à vida por meros instantes, tempo necessário apenas para o batizado.[35]

Como as senhoras curandeiras, as matronas mesclavam, em suas práticas, conhecimentos advindos de saberes médicos e da experiência pessoal, da magia-feitiçaria e da religião. Transmitiam, por palavras e gestos, esse modo de tratamento e essa visão de mundo. Eram intermediárias da passagem iniciadora das moças à maternidade, e dos fetos à vida. Representavam uma figura ambivalente, ao mesmo tempo reconhecida e temida por suas competências e seus poderes, rebaixada por seu contato com partes do corpo e fluidos corporais impuros, e celebrada por auxiliar no mistério e milagre da vida.

IDADE MÉDIA

AS MULHERES DOS REMÉDIOS

Desde sempre, os conhecimentos culinários das mães de família eram considerados "naturais" ou banais; por outro lado, os conhecimentos das senhoras ou religiosas quando se tratava de plantas e remédios foram considerados úteis e preciosos. Ambos ocupavam papel essencial, pois cuidavam da saúde cotidiana dos mais pobres.

Mulheres do lar

No lar, as mulheres eram ao mesmo tempo patroas e prisioneiras. Recaía sobre elas a responsabilidade de alimentar a família — exceto na nobreza, em que os cozinheiros frequentemente eram homens. O mesmo valia nas pensões, onde elas cuidavam da cozinha e dos serviços gerais, e nos presbitérios, onde padres contratavam mulheres para "manter" a casa. Outras eram sócias de comércios ao lado dos maridos, especialmente de rotisserias, charcutarias ou padarias.[1] Já as camponesas vendiam o excesso da produção nas feiras, garantindo uma pequena renda.

As camponesas cultivavam frutas e legumes perto de casa. Os alimentos mais consumidos eram aveia, verduras e leguminosas. Elas criavam aves e animais menores (como porco, cabra e ovelha) para abate, e ordenhavam as vacas para bater a manteiga e moldar os queijos. Eram elas que preparavam as pequenas carnes de caça capturadas pelos homens — os animais maiores, como cervos e javalis, eram reservados às caçadas dos nobres.[2] O porco era abatido com o auxílio dos homens, mas era cozido pelas mulheres, que se reuniam ao redor do caldeirão onde se ferviam a carne e o sangue do animal pacientemente criado e engordado. Cozinhar o sangue exigia um conhecimento não apenas culinário, mas também, provavelmente, de feitiçaria. Esse fluido inquietante que lembra a menstruação podia — assim como a própria — atrair o mau-olhado para o lar. Sua preparação exigia a maior prudência: não chegar à ebulição, mexer o líquido sempre no mesmo sentido etc. Alguns séculos depois, aquelas acusadas de bruxaria teriam a reputação de cozinhar nos caldeirões, durante o sabá, não seus leitões, mas bebês rechonchudos que teriam engordado na fazenda.[3]

As amas de leite

Os recém-nascidos eram alimentados exclusivamente pela amamentação, mas nem sempre no seio da mãe. As avós e matronas desconfiavam do primeiro leite das parturientes, que a medicina moderna chama de colostro. Sua cor, entre amarelo e castanho, e a textura espessa as faziam temer que o leite estivesse contaminado pelo sofrimento do parto. Esse leite era fornecido aos bebês já robustos, enquanto os recém-nascidos eram alimentados por uma tia ou vizinha. No interior, era muito frequente a convocação de amas de leite, mulheres cuja corpulência e vitalidade permitiam amamentar vários bebês ao mesmo tempo. Afinal, as camponesas deviam voltar logo ao trabalho no campo, além de cuidar das tarefas domésticas. Muitas vezes, por conta da exaustão, o leite secava. Entre os nobres e notáveis, as amas de leite eram

> ainda mais comuns, provavelmente por incentivo dos pais. O período de amamentação era também de abstinência sexual, pois acreditava-se que o esperma "estragava" o leite. Essa proibição tinha a vantagem de espaçar os nascimentos, às vezes até o surgimento dos primeiros dentes, ditos "de leite". Porém, o pai de família podia decidir interromper a amamentação para satisfazer seus desejos e expandir a descendência. Muitas vezes, eram escolhidas amas de leite que viviam em áreas mais rurais. Elas deviam se alimentar em função das necessidades do bebê e oferecer a ele tanto afeto quanto ofereceriam aos próprios filhos. Fossem os filhos dos camponeses, fossem dos nobres, muitos eram amamentados por mulheres do povo.[4] Essas amas de leite tinham também a tarefa de alimentar o resto da casa. As mais experientes entre as amas e cozinheiras às vezes se tornavam também curandeiras.

O pão era o alimento central dos camponeses, que podiam chegar a consumir um quilo por dia. Antes de se desenvolver a moda do pão branco, no século 14, as mulheres moíam farinhas de trigo mole, espelta, centeio e *méteil*,* inicialmente à mão, mas também nos moinhos. Elas cultivavam o fermento natural, sovavam à mão e moldavam bolas que levavam para assar nos fornos compartilhados que pertenciam aos senhores de terras.[5] Lá, compartilhavam novidades e confidências, notícias de gravidez e doença, histórias de colheita e amor, preocupações das mais novas e conselhos das mais experientes.

Água, fogo e limpeza
Eram elas também as encarregadas do fogo, apesar de não receberem as honrarias consagradas na Roma antiga às vestais, guardiãs do fogo sagrado

---
* Criação conjunta de trigo e centeio. [N. T.]

dos templos dedicados a Vesta, deusa do lar doméstico e do ambiente público. Elas colhiam a lenha na floresta, muitas vezes com os filhos, cortavam a madeira menor e protegiam a lenha da umidade. Cuidavam para que o fogo estivesse sempre aceso dentro de casa, pois era vital para aquecimento e culinária. Na maioria das casas simples, a lareira era feita no piso de terra batida, e a fumaça escapava por um buraco no teto — a chaminé só surge nas moradias mais ricas a partir do século 11. Um tripé de ferro era apoiado sobre o fogo, e nele se pendurava o caldeirão. Os pratos ficavam muito tempo cozinhando. Em épocas mais prósperas, os purês e as sopas, engrossados por farelo de pão, eram enriquecidos com pedaços de carne cozida e servidos em tigelas de argila ou sobre fatias grossas de pão.

Todo dia, as mulheres buscavam a água necessária para a sobrevivência da família. As nascentes e fontes eram lugares de encontro, mas também áreas perigosas, pois eram o antro de fadas e demônios, e as mulheres deveriam aprender a domar esses seres. Com a água, se cozinhava, se limpava e se fabricava também a cerveja, bebida apreciada por todos.

Com água e fogo, as casas se mantinham em ordem. Além de lavar a louça, as mulheres tinham a tarefa de eliminar o refugo e tudo o que pudesse contaminar o ar do ambiente: resíduos de alimento, palha suja e cinzas caídas eram tirados de casa pela vassoura.[6] Não é surpreendente que esse objeto tão banal do universo doméstico feminino tenha surgido, vários séculos depois, como atributo da bruxa. Limpar a casa é um gesto de aparência inofensiva, mas contém também uma dimensão simbólica: preservar a continuidade da vida. Ao restabelecer a ordem e purificar o lar, elas atraíam bons auspícios.

As nascentes e fontes eram lugares de encontro, mas também áreas perigosas, pois eram o antro de fadas e demônios.

Na área externa, as mulheres queimavam os resíduos em pequenas fogueiras. Transformavam as impurezas em pó e fumaça, devolvendo tudo aos elementos naturais que compõem o conjunto do mundo vivo. Esses gestos dominados e transmitidos pelas mulheres, do cultivo à transformação dos alimentos, da limpeza à gestão dos resíduos, eram banalizados, e até invisibilizados, pois pertenciam a um universo cotidiano e feminino. Contudo, esses conhecimentos e experiências não deixavam de ser fundamentais para a vida do lar: garantiam a sobrevivência e a saúde. Eram cuidados preventivos.

Da cozinha à medicina

Sabe-se pouco sobre a cozinha das mulheres medievais. A partir do século 13, uma variedade de textos médicos fornecia dietas para a saúde. No século seguinte surgiram os livros de receitas, escritos por cozinheiros da corte, todos homens. Esses dois tipos de livro muito provavelmente se baseavam em saberes culinários anteriores: a cozinha cotidiana das mulheres, transmitida por tradição oral[7] e impregnada de saberes médicos populares. As mulheres trabalhavam com dois princípios dietéticos: certos alimentos têm virtude depurativa, outros dão força e vigor.[8]

A depuração pela alimentação era um método terapêutico também ligado à teoria hipocrática dos humores: os humores deviam ser expelidos quando se encontravam em excesso no corpo, e os alimentos podiam ajudar. Entre os alimentos depurativos mais comuns estavam o alho e a cebola, frequentemente acrescentados aos pratos para facilitar a digestão. Recorria-se também ao vinho, que, consumido pela manhã, estimulava vômitos para purgar o corpo. A pimenta, por sua vez, depurava o cérebro, graças aos espirros que provoca. Era uma das especiarias mais apreciadas pelos ricos, que também amavam concluir seus banquetes abundantes com o consumo de grãos de erva-doce e coentro, com virtude digestiva. A cozinha doméstica, porém, não tinha acesso a essas especiarias, que vinham do Oriente. Portanto, certas regras eram aplicadas: evitava-se alimentos contendo muita umidade, pois acreditava-se que favoreciam o apodrecimento da carne. Os laticínios, por sua vez, eram consumidos apenas nos dias "gordos", leia-se os dias em que a Igreja não impunha proibições alimentares. Por fim, o cozimento longo dos alimentos, especialmente das carnes, cada vez mais consumidas ao fim da Idade Média, assim como o uso do sal, evitava o apodrecimento.[9]

Segundo princípio da dieta medieval: fortalecer o corpo. As especiarias orientais, como a canela, o gengibre e o açafrão, que supostamente aquecem o sangue, eram limitadas aos ricos. Eram bastante apreciadas pelas parturientes de classe alta. As camponesas, por sua vez, se contentavam com condimentos menos caros e se dedicavam a cozinhar pratos suficientemente calóricos para dar à família a força necessária para efetuar o trabalho no campo. Elas preparavam até cinco refeições diárias na época de tarefas mais difíceis, mas em porções moderadas, para não pesar o corpo dos camponeses. Para eles, não ser capaz de trabalhar com prontidão era sinônimo de declínio e chegada de doença.[10]

Quanto ao mel e às bebidas alcoólicas, eles possuíam virtudes depurativas ou revigorantes, dependendo do caso. A aguardente e o hipocraz (vinho adoçado com especiarias cuja receita é atribuída a Hipócrates) eram bebidas ao mesmo tempo comemorativas e terapêuticas, que reforçavam o sangue.[11]

Rituais vindos da magia e da religião

As mulheres sempre misturavam rituais vindos da magia-feitiçaria e da religião à cozinha. Elas seguiam piamente as instruções dos padres e frades a respeito dos aproximadamente duzentos dias de jejum e abstinência alimentar do calendário cristão, de Pentecostes à quaresma. Nesses dias, era preciso comer apenas após o anoitecer, para favorecer a depuração do corpo e também da alma.[12]

Os alimentos tinham também virtudes sobrenaturais: podiam limpar o corpo de espíritos maléficos, ou reforçá-lo ao atrair a proteção de fadas e santos. O alho era utilizado contra vermes e para facilitar a digestão, mas diz-se também que expulsava os espíritos malditos, que não gostavam do odor forte. O sal, por sua vez, afastava os demônios, por isso era distribuído pelas casas em gamelas.

Outros alimentos cotidianos faziam parte do preparo de proteções e remédios mágicos.[13] Esfregar fatias de maçã em uma verruga transferia a doença para a fruta, que, ao apodrecer, a levava embora. Gravar uma cruz ou preces na casca do pão acelerava o parto, revigorava as pessoas enfraquecidas, fazia baixar a febre e protegia do mau-olhado. Ervas eram postas em infusão na cerveja, no vinho, na aguardente e no vinagre. Após pronunciar encantamentos diante desses preparos, eram servidos às pessoas e aos animais para protegê-los de sortilégios.

> **Elixir para os possuídos, a beber no campanário da igreja**
>
> Candelária, ancusa, milefólio, tremoceiro, betônica, milhã, cespitosa, íris, funcho, líquen colhido de uma igreja, líquen recolhido de uma cruz e levístico. Prepare o elixir com cerveja clara, cante sete missas sobre as plantas, acrescente alho e água benta e misture isso a todas as bebidas que o possuído tomará. Cante também o salmo *Beati immaculi* e *Exsurgat et Salvum me fac Deus*. O possuído deve então beber o elixir no campanário da igreja e, em seguida, o padre deve cantar por ele *Domine sancte Pater omnipotens*.
>
> — *Leechdoms*, século 10, Oswald Cockayne[14]

As plantas que tratam

Quando se via doente, no campo e nos bairros mais pobres das cidades, a população recorria a remédios mais ou menos eficazes, vendidos em mercearias ou por caixeiros-viajantes, que tinham reputação de charlatães. Apenas os mais ricos se dirigiam aos boticários. Porém, eram as mulheres, especialmente as mais velhas, as primeiras a serem chamadas. Algumas, como as matronas, eram especialistas em males femininos, mas a maioria era generalista e tratava os numerosos males cotidianos.[15]

As plantas de capacidade medicinal, em sua maioria, já eram conhecidas pela medicina celta e romana. O arsenal terapêutico dos druidas celtas contava com cerca de trezentas plantas. Muitas delas eram também utilizadas por médicos gregos e romanos.[16] Após o desenvolvimento das grandes rotas comerciais para o Oriente, as especiarias e o açúcar completaram o leque de remédios possíveis, mas, por serem muito caros, não eram acessíveis às velhas curandeiras rurais.

Essas curandeiras tinham papel de mediadoras: transmitiam o conhecimento às mais jovens. Ensinavam a reconhecer, na natureza, as plantas, flores e folhagens, e a preparar remédios, ao longo dos períodos de colheita e quando as doenças apareciam entre a família e os conhecidos. Eram lições orais, bastante sérias. Algumas dentre elas, que tiveram a oportunidade de se alfabetizar, arranjavam as receitas terapêuticas dos médicos.[17] Assim, as receitas se tornavam parte integrante de seus conhecimentos, ainda apoiados nos próprios tratamentos populares. Portanto, a maior parte dos tratados médicos, vindos da Grécia antiga, de Roma, e em seguida dos monastérios e das faculdades de medicina medieval do século 13, expõem conhecimentos sobre plantas que transitaram entre o mundo masculino e culto dos médicos e aquele feminino e profano das curandeiras.

Os nomes das plantas, sempre em língua vernacular, tinham grande importância: a pronúncia ou as imagens a que remetiam informavam sobre o uso médico.

A *consólida*, como o nome evoca, consolidava ossos fraturados.

A *angélica-silvestre*, presente dos anjos, era também chamada de "erva da febre", pois diminuía os acessos.

A *escolopendra*, da família das samambaias, era chamada de "erva do baço".

A *beladona*, cujas lindas flores são tóxicas, era conhecida pelos nomes de "bela-dama", "erva do diabo" ou "erva-envenenada".

A *artemísia* foi batizada em homenagem a Ártemis, deusa grega da caça, da vida selvagem e dos partos: ela tinha a fama de tratar de males femininos e de provocar aborto.

Os nomes das plantas também podiam fazer referência à religião cristã, como o *cardo-mariano*, cujas folhas, na forma de pequenas bacias, lembram pias batistas. Essas folhas recolhiam o orvalho e a água da chuva utilizados no tratamento de doenças de pele.

Além do nome, a forma e a cor de partes diferentes das plantas indicavam o uso ético.

A *marianinha*, de cor viva, servia para tratar doenças oculares, especialmente dos olhos azuis, considerados mais frágeis.

A *pulmonária*, que tratava os pulmões, tem flores na forma de alvéolos.

A *cavalinha* tem caules que crescem eretos, compostos por uma sucessão de segmentos, o que lembrava as vértebras da coluna. Pulverizada e ingerida, era recomendada para dor nas costas.

A *urtiga*, cujo toque causa vermelhidão, sensação de calor e coceira, era ingerida, depois de cozida, para tratar hematomas e urticárias.

Correspondências físicas e simbólicas

Pode parecer estranho associar o uso medicinal de uma planta ao nome ou à forma, e ainda mais usar esses fatores para deduzi-lo. Contudo, era um modo eficiente de transmitir o conhecimento. A medicina das curandeiras era, acima de tudo, empírica: experimentavam a eficácia dos remédios e os transmitiam entre gerações.

Era também parte da visão de mundo dessas terapeutas: do cosmo composto de quatro elementos fundamentais, pelos quais todos os seres vivos se conectam. Nessa lógica holística, não se separava o humano da natureza; acreditava-se até que houvesse correspondências físicas e simbólicas entre tudo. As plantas medicinais, portanto, eram conectadas a cores, temporadas, astros e constelações, assim como aos humores e órgãos do corpo humano.

No Renascimento, a importância das analogias entre plantas medicinais, seres humanos e o cosmo inspirou a teoria das assinaturas de Paracelso. Para esse médico, astrônomo e alquimista de renome, cada planta tinha uma "assinatura" própria: a forma, o odor e a textura indicavam seus possíveis usos medicinais. A teoria de Paracelso, entretanto, foi logo abandonada, pois os meios científicos consideraram que se baseava em superstição.[18] Antigamente, assim como hoje, a fronteira entre saberes populares e científicos era menos definida do que imaginamos.

O século 18 foi todo dos botânicos. O cientista sueco Carlos Lineu propôs uma classificação das plantas por meio da observação que ainda hoje é usada como referência. Ele substituiu os nomes comuns por nomes em latim, criando, assim, um repertório universal das plantas. Foi uma ruptura radical com o pensamento analógico, que integrava as plantas em um jogo de correspondência cosmológica e favorecia a identificação do uso medicinal.

Colheitas rituais

A medicina botânica foi sempre conectada à magia-feitiçaria. Colheita, infusão ou decocção, e administração do tratamento: o processo inteiro era acompanhado por encantamentos e rituais. Afinal, enquanto as curandeiras mobilizavam os poderes benéficos, elas também se protegiam dos efeitos indesejáveis. A verbena, chamada de "erva-sagrada", mas também de "erva-feiticeira", devia, por exemplo, ser colhida com prudência, pois frequentemente era cúmplice de maldições. Para colhê-la, era preciso se aproximar dela de costas e se virar apenas no último momento. Não era recomendado olhar para a raiz recém-arrancada das forças obscuras da terra, pois ainda podia carregar o mau-olhado. Quem as colhia deixava também oferendas junto à planta. Assim, as mulheres demonstravam seu respeito pelo vegetal, do qual colhiam apenas uma parte pequena, na esperança de encontrá-lo no mesmo lugar na estação seguinte.[19] Todos esses métodos de colheita partiam de práticas antigas, herdadas dos ritos pagãos celtas e romanos, e mais ou menos toleradas pela cristianização que ocorreu durante esse período no Ocidente.

A milfurada (cujo nome vem das manchinhas transparentes nas folhas), a sálvia, a camomila e a hera-terrestre eram conhecidas como ervas feiticeiras. Portanto, para obter tal efeito, era preciso colhê-las ritualisticamente no solstício de verão. Aos poucos, elas ganharam o nome de "erva-de-são-joão", pois o dia mais longo do ano no hemisfério norte se tornou a data dedicada ao apóstolo de Cristo. A tradição católica se sobrepôs, aqui também, às crenças pagãs anteriores: as fogueiras pagãs de São João ainda eram acesas no dia do solstício de verão, para comemorar o poder do sol e da luz, e também, enquanto isso, possibilitar alguns rituais de feitiçaria para afastar os espíritos malignos e quebrar maldições.[20]

A verbena, chamada de "erva-sagrada", mas também de "erva-feiticeira", devia, por exemplo, ser colhida com prudência, pois frequentemente era cúmplice de maldições. Para colhê-la, era preciso se aproximar dela de costas e se virar apenas no último momento. Não era recomendado olhar para a raiz recém-arrancada das forças obscuras da terra, pois ainda podia carregar o mau-olhado.

Para a produção de remédios, lançava-se mão de caldeirões nos quais se aquecia a água ou o álcool que seriam usados para a infusão ou decocção. Esse utensílio doméstico se tornaria atributo importante da figura da bruxa no século 18, mas, na Idade Média, era ainda um objeto cotidiano e indispensável. Para aplicações tópicas, as curandeiras faziam infusão de ervas em óleos e pulverizavam as folhas, flores e raízes secas, que misturavam em gorduras que serviam de unguento.

* * *

Outras substâncias, animais ou minerais, também entravam na composição dos remédios, igualmente inscritas no jogo de correspondências e no poder do contato. Uma pata de lebre, animal ágil, se seca e usada como amuleto, podia curar crises de gota, doença que se manifesta por dores nos pés, cuja intensidade às vezes impede o doente de andar. Carregados consigo, os dentes e ossos de animais, supostamente inalteráveis, deveriam revigorar e afastar tudo que poderia contribuir para o apodrecimento da carne. Nos lares mais pobres, esses materiais de origem animal substituíam as pedras preciosas ou semipreciosas, caras, símbolos de pureza e eternidade, usadas como talismã pelos mais ricos: elas tinham o poder de facilitar a digestão (jaspe), proteger de queimaduras (ônix) e prever a cura (esmeralda). Quanto ao diamante, fornecia invencibilidade diante de epidemias de peste e de ataques de feitiçaria.[21]

Para a produção de remédios, lançava-se mão de caldeirões nos quais se aqueciam a água ou o álcool que seriam usados para a infusão ou decocção.

A medicina das curandeiras, portanto, se desenvolveu no encontro da cozinha das mulheres, seguindo os princípios de depuração e reforço do corpo e da magia-feitiçaria, respeitando os princípios de analogia e contato. Os remédios, em sua ação, expulsavam o mal, quer a origem fosse natural, quer fosse sobrenatural, e protegiam o corpo contra essas mesmas forças, visíveis ou invisíveis. Poderiam ser ingeridos, mas também aplicados topicamente ou carregados como objeto, agindo por contato. Como na cozinha, era necessário um respeito minucioso das doses, de acordo com medidas próprias de cada curandeira. Temia-se o envenenamento, já que as plantas podiam fazer bem ou mal, assim como a magia podia invocar fadas ou demônios. Entre as velhas mulheres-dos-remédios, eram temidas aquelas que, mal-intencionadas, recorriam às plantas para influenciar os destinos amorosos e atrair o mal ou o azar.

Mulheres enclausuradas e a medicina monástica

A partir do século 5, nascia nos conventos a primeira forma de medicina erudita do Ocidente cristão. Os mosteiros eram conhecidos por suas farmácias e enfermarias, assim como por seus jardins de *simples*, nome dado às plantas medicinais. Suas bibliotecas perpetuavam os conhecimentos herdados do Império Romano e se enriqueciam com as medicinas populares regionais, por meio de cópias e readaptações.

A ordem dos beneditinos, fundada por Bento de Núrsia, era uma das mais ativas nessa área. Tratar dos doentes e dos necessitados era parte da obra de misericórdia. Beneditinos e beneditinas dedicavam-se a cuidar dos doentes por meio do espírito de devoção e solidariedade imposto pelo princípio da caridade cristã.

O cultivo e preparo de plantas farmacêuticas frequentemente era responsabilidade das mulheres enclausuradas. Valorizadas por sua devoção a Deus, assim como por sua virgindade e seu voto de castidade, as freiras encontravam relativa emancipação na vida no claustro. Elas escapavam da autoridade do pai e eram reconhecidas como indivíduos por sua devoção, mesmo que permanecessem sob a autoridade dos homens da Igreja. Assim como a Virgem Maria, que deu à luz o filho de Deus sem sexo nem dor, elas eram modelos de feminilidade, pureza e compaixão.[22]

Jardins de simples

As simples eram colhidas nos arredores dos conventos ou cultivadas no jardim. Os jardins de simples respondiam às regras rigorosas da vida conventual: eram áreas fechadas e preservadas do tumulto externo. No centro, um chafariz ou poço, útil para a rega, simbolizava a fonte da vida, o Cristo ou a Virgem. Desse ponto central, partiam quatro alamedas, em ângulo reto, em referência aos quatro rios do jardim do Éden.

Os quadrados formados ali eram subdivididos em sucessão simétrica de cercadinhos dispostos em canteiros. Cada canteiro associava certas plantas e as separava de outras, de acordo com suas virtudes terapêuticas e seus símbolos religiosos específicos. Essa organização rigorosa não admitia a malícia de uma erva que não respeitasse a ordem estabelecida e crescesse em um canteiro que não fosse o próprio, ou, pior, em uma das alamedas meticulosamente arrumadas.

Diferente dos frades médicos, as freiras não podiam estudar medicina. Portanto, aproveitavam os jardins, as bibliotecas e as farmácias para aprender e desenvolver seus conhecimentos sobre os cuidados e as plantas medicinais, sem, contudo, encontrar verdadeiro reconhecimento por sua sabedoria. Entretanto, seus preparos eram valorizados por suas confreiras doentes, assim como por peregrinos ou enfermos que buscavam nas abadias descanso, alimentação, remédios e a oportunidade de uma prática espiritual que os limpasse dos pecados.[23]

Diferente dos frades médicos, as freiras não podiam estudar medicina. Portanto, aproveitavam os jardins, as bibliotecas e as farmácias para aprender e desenvolver seus conhecimentos sobre os cuidados e as plantas medicinais.

Deus provê o remédio

Hildegarda de Bingen (1098-1179) foi uma figura feminina emblemática da medicina dos claustros. Superiora do convento de Rupertsberg, na Alemanha, a abadessa beneditina vinha de uma família de classe alta. Ela se expressava com sabedoria e originalidade no campo da arte, da teologia, da natureza e da medicina, e alegava ouvir vozes desde a infância. A Igreja do século 12, ainda sensível a misticismo e profecias, a autorizava a ditar suas visões e mensagens recebidas por Deus para seu secretário, o frade Volmar. Hildegarda se tornou uma mulher muito respeitada, consultada por seus conhecimentos e por sua espiritualidade.

A medicina monástica se alinhava, é claro, com o pensamento religioso. As doenças, especialmente as grandes epidemias de lepra, peste e ergotismo (uma gangrena dos membros causada pelo consumo de um fungo parasita do trigo), eram interpretadas como castigos infligidos por Deus à população culpada de pecados e de pouca fé. Esses males eram um lembrete do poder divino e da fragilidade da condição humana. O sofrimento era uma punição, mas também uma oportunidade de expiar seus pecados e conduzir uma vida mais ascética. Era o eco das dores do Cristo sacrificado e redentor, ao qual se implorava por milagres ou por interceder ao pé de Deus. Quando chegava a cura, trazia também a prova da misericórdia divina.[24]

Indo contra a corrente da ideologia dominante, Hildegarda considerava que Deus pretendia oferecer aos seres humanos a possibilidade de viver em harmonia e saúde. Se Deus causava a doença, previa também o remédio, e Hildegarda lhe servia de mediadora. Curiosa pela natureza, ela observava incansavelmente os jardins, os cultivos, as florestas e os rios dos arredores, como uma verdadeira botânica precoce. Ela descrevia, então, os efeitos terapêuticos das plantas, das árvores, dos animais, dos minerais, dos metais e da água.[25]

Com suas visões e observações, e também suas leituras da Bíblia e de antigos tratados de medicina, Hildegarda compôs o impressionante *Liber subtilitatum diversarum naturarum creaturarum*. Esse "Livro das sutilezas das criaturas de diversas naturezas" reúne um tratado de medicina, *Causae et Curae* ("Causas e curas"), e outro de ciências naturais, *Liber simplicis medicinae* ("Livro das medicinas simples"). Este segundo propõe a classificação das simples e das árvores da paisagem renana, listadas com descrição física e usos terapêuticos.[26]

Embora Hildegarda de Bingen alegasse que todos seus remédios lhe haviam sido ditados por Deus, ela ainda se inspirava na regra de são Bento, pois recomendava, por exemplo, prestar atenção na higiene, no sono, na alimentação, na digestão e até mesmo na vida sexual. A moderação era o princípio fundamental: todos deviam se dedicar a manter uma relação harmoniosa com a natureza e com as outras pessoas, além de evitar emoções excessivas. A medicina da abadessa era baseada no pensamento cristão, mas retomava os princípios da tradição médica hipocrática. Desde a Antiguidade, esses conhecimentos eram transmitidos oralmente ou por meio dos tratados médicos árabes, traduzidos para o latim ao longo dos séculos 11 e 12. Entre eles, o *Cânone da medicina*, do médico persa Avicena, sintetizava os conhecimentos deixados pelos antigos Hipócrates e Galeno. Ao longo de vários séculos, esses conhecimentos se difundiram pelo mundo muçulmano, antes de voltar à Europa por intermédio dos médicos judeus. Essas obras eram estudadas nas faculdades de medicina que se desenvolviam pouco a pouco, como a célebre escola de Salerno, e algumas delas talvez tenham chegado a Hildegarda de Bingen.[27]

Doença como desequilíbrio

A medicina hipocrática se interessou pela renovação no corpo dos quatro humores: sangue, fleuma, bile amarela e bile negra, ou melancolia. A alimentação era a base desse processo: os alimentos passavam por uma "cocção", espécie de digestão, que os transformava em humores. Pelo jogo de correspondências, os humores se conectavam aos quatro elementos e a suas "qualidades". A bile amarela, que simbolizava o fogo, tinha as qualidades seca e quente; a bile negra, terrosa, era seca e fria; a fleuma era fria e úmida, como a água; e o sangue, aéreo, transmitia calor e umidade. Como tudo que compõe o universo, cada corpo humano oferecia uma combinação específica desses humores, dando a todas as pessoas temperamentos ao mesmo tempo originais e instáveis. Se a saúde era traduzida por um complexo equilibrado, a doença era caracterizada por um desequilíbrio que poderia ser compensado por remédios escolhidos categoricamente. Por exemplo, no caso de um indivíduo com excesso de calor, era preciso oferecer simples de qualidades fria e úmida.[28] Hildegarda de Bingen, portanto, se dedicava a catalogar as "qualidades" das flores, folhas, caules e raízes da maioria das plantas de seu *Physica*, assim como seus usos em receitas de sucos, decoctos, cataplasmas e fumigações.

Ainda mais importante, a abadia desenvolvia um pensamento inovador ao aplicar um olhar de gênero à teoria dos humores. Até então, os médicos classificavam as pessoas em quatro temperamentos: melancólico, fleumático, sanguíneo e colérico. Identificar o temperamento do doente possibilitava ao médico encontrar o remédio adequado. Hildegarda foi além, interessando-se também pela fisiologia sexual dos homens e das mulheres, assim como por questões de desejo, prazer, reprodução e gravidez: menstruação, parto, aborto espontâneo etc.[29] Ela chegou ao ponto de, em *Causae et Curae*, apresentar uma classificação inédita dos temperamentos, subdividindo-os em masculino e feminino. De acordo com essa célebre curandeira, os conselhos e remédios deviam ser diferenciados de acordo com o sexo.[30] Assim, ela achava dignos de consideração a saúde das mulheres e aspectos que a medicina monástica negligenciava, ou até mesmo desprezava.

A mandrágora, às vezes chamada de "erva do enforcado", pois cresce sob os cadafalsos, supostamente se alimentaria do esperma dos mortos. Ela tinha reputação mágica e poderia matar ou enlouquecer quem tentasse arrancá-la para atrair prosperidade e fertilidade.

Plantas mágicas e governadas pelos astros

Na medicina monástica medieval, os remédios à base de plantas eram acompanhados por uma forte dimensão simbólica. Como seus contemporâneos, Hildegarda de Bingen buscava compreender a obra divina escondida ali. Algumas plantas tinham a capacidade de atrair a cura e a proteção divinas, enquanto outras provocavam o mal ou o demônio. A colheita deveria ser feita de acordo com certos rituais, como entre as senhoras do mundo camponês.

A mandrágora, às vezes chamada de "erva do enforcado", pois cresce sob os cadafalsos, supostamente se alimentaria do esperma dos mortos. Ela tinha reputação mágica e poderia matar ou enlouquecer quem tentasse arrancá-la para atrair prosperidade e fertilidade. Porém, a mandrágora também podia ser benéfica e aliviar dores. A forma humana da raiz, interpretada como prova da conexão dos homens às forças mágicas e ocultas, era sinal do poder divino da planta de acordo com Hildegarda. Ela propunha utilizá-la após purificação na água de um chafariz, como talismã ou ingerida em forma de pó, acompanhada de uma prece: "Meu Deus, que da argila criou o homem sem dor, considere que trago a mim a mesma terra que ainda não pecou, para que minha carne criminosa atinja a paz que possuía no princípio".[31]

As orações estavam, assim, presentes na medicina monástica erudita; elas fundamentavam e acompanhavam a eficiência dos remédios. Como as invocações pagãs das curandeiras camponesas, essas preces mostravam que o simbólico era parte de qualquer fenômeno de cura.

Assim como os humanos, as plantas faziam parte da ordem geral do cosmo. No século 12, o pensamento médico ainda concedia à astrologia um lugar de importância e considerava que as plantas, assim como as pedras, os metais e as águas, eram governadas pelos diferentes astros, que lhes outorgavam propriedades particulares. Assim, as plantas venusianas, como lilás ou rosa, não tinham o mesmo poder da pimenta ou da mostarda, que nasciam sob o signo de Marte. O agrião e a mandrágora eram, como a lua, úmidos e frios, e convinham aos temperamentos sanguíneos ou coléricos.

Sobre as escolas médicas laicas e masculinas

Contemporâneo do século em que viveu Hildegarda de Bingen, o médico Matthaeus Platearius, da escola de Salerno, também redigiu um herbário imponente, o *Liber de simplici medicina*, ou "Livro das medicinas simples". Essa obra, escrita por um homem das ciências e contrária ao trabalho de Hildegarda, serviria de referência na renovação médica dos séculos 12 e 13. As universidades promoviam o desenvolvimento de uma medicina e farmácia eruditas, exercidas pelos homens, cada vez mais afastadas da autoridade da Igreja. De outro lado, a Igreja limitava, por meio de seus concílios, o estudo e a prática da medicina pelo clero. As freiras eram privadas de suas atividades de cuidado. Durante muitos séculos, operava-se uma divisão das tarefas, antecipando o fim de uma medicina holística que aliasse empirismo e espiritualidade: entre os médicos, tratava-se o corpo e remediava-se; entre os frades e as freiras, tratavam-se e salvavam-se as almas.

No século seguinte, a prática da medicina se tornou cada vez mais laica e masculina. Hildegarda de Bingen foi esquecida por muitos séculos; apenas nos anos 1950 começou a ser redescoberta pelas adeptas de medicinas alternativas. Na Europa e na América do Norte, os livros de receitas, tratamentos e dietas inspirados por seus escritos encontraram, enfim, grande sucesso, e eram vendidos até mesmo preparos para infusão com seu nome.[32] Alguns de seus remédios facilmente encontraram lugar na farmacopeia popular moderna, mas outros nos parecem, nos dias de hoje, muito estranhos: como aquele que consiste em capturar moscas, arrancar a cabeça delas e descrever círculos ao redor de pústulas feias com o corpo desses insetos...

IDADE MÉDIA

AS MULHERES QUE VEEM

Na Idade Média, as curandeiras se comunicavam com o invisível, as fadas e os demônios, os mortos e os santos. Algumas delas, chamadas de "magas" e "adivinhas", recorriam à magia e à adivinhação. Mesmo no cerne da Igreja, certas freiras e beatas tinham uma conexão pouco ortodoxa com a fé e vivenciavam transes e relações extáticas com Deus. Proclamadas como místicas e visionárias, elas se comunicavam diretamente com o divino e transmitiam mensagens proféticas sobre o amor de Deus, as maravilhas da natureza e as dificuldades da existência.

Elas dialogavam com o invisível, modificavam seu estado de consciência, curavam pela palavra... Era de corpo inteiro que as mulheres-que-veem aliviavam as pessoas e os bichos, alimentavam a alma e adivinhavam o futuro.

Curar pela voz e pelo corpo

Há dez séculos, no interior da França, as palavras "magia" e "feitiçaria" não eram utilizadas no sentido atual. Os sortilégios eram benéficos ou maléficos. Podiam-se invocar demônios ou o auxílio das divindades. A feitiçaria não era uma atividade diabólica, mas o lado negativo da magia popular das curandeiras. Não era uma magia tão assustadora, e era conhecida e difundida na sociedade como um todo. Portanto, era grande a distância da imagem da bruxaria satânica digna de fogueira.

Embora as curandeiras tratassem principalmente por meio de gestos e plantas, também podiam fazer apelo às forças sobrenaturais. Elas as invocavam por palavras e gestos, como equivalentes femininos dos feiticeiros e mágicos.[1] Um toque, uma manipulação, uma poção, um unguento ou um amuleto só eram eficientes graças aos encantamentos. Com a voz e o corpo, as curandeiras faziam papel de mediadoras entre o mundo profano e aquele dos poderes invisíveis. Elas sabiam convocar os poderes da natureza, dos espíritos que a povoam e da divindade que a criou. Essas forças sobrenaturais influenciavam o percurso de um parto ou a evolução de uma doença. Objetos cotidianos mudavam de status graças a palavras rituais e se transformavam em catalisadores de forças terapêuticas.

A palavra não apenas acompanhava o tratamento como era parte fundamental dele. As palavras tinham efeito e capacidades "performativas".[2] Quando um padre anunciava "Eu te batizo", ou quando um jogador declarava "Aposto este valor", a ação se situava mais nas palavras do que no ato. Em situações de infortúnio ou doença, a palavra encantadora estava longe de ser um ornamento folclórico, pois era, por si só, um ato terapêutico. A palavra mágica era uma palavra com ação. Os cantos das feiticeiras tinham efeitos, desejáveis ou prejudiciais, no destino humano.[3]

Como os doentes se encontravam no entremundo, no meio do caminho que leva da vida à morte, os encantamentos os conectavam diretamente ao invisível. Quando a cura permitia que eles retornassem ao mundo dos vivos, esses sobreviventes davam renome àquelas que os trataram. As curandeiras buscavam saber dos resultados de seus tratamentos, pois ofereciam informações preciosas sobre a eficácia, ou não, de sua terapia. Se o encantamento possibilitou o tratamento, conservava-se o procedimento.[4]

Seus encantamentos se dirigiam aos santos, aos anjos, a Cristo, até mesmo ao próprio Deus. A Igreja tolerava essas práticas, pois incitava os fiéis a procurar no Senhor o milagre da cura (e ela mesma também praticava exorcismos). O que a Igreja não apreciava, por outro lado, era que as curandeiras confundissem orações e simpatias, e que invocassem também os deuses e as deusas gregas, as divindades celtas ou germânicas, os demônios, os espíritos, as fadas, os elfos, os gênios ou ainda os mortos.[5] As curandeiras não se incomodavam com tal distinção: pelo contrário, viam vantagem terapêutica (e um modo de se proteger em relação à Igreja) na aliança dos poderes pagãos e cristãos. Elas frequentemente pontuavam as fórmulas com diversos sinais da cruz. Recitavam o pai-nosso e a ave-maria antes de um encantamento. Chamavam os santos para conjurar os males que seriam sua especialidade.

> **Para acelerar o parto**
>
> Escreva esta simpatia* no pão: "✝ Adão, ✝ Adão, ✝ Adão, saia daí! ✝ O Cristo o convoca. ✝ Santa Maria, libere sua criada. Da boca das crianças e dos pequeninos sai um louvor que confunde vossos adversários, reduz ao silêncio vossos inimigos e faz a criança viver!". Dê de comer este pão, e ela dará à luz.
>
> * *Adaptada do Salmo 8:3.*
> *O símbolo ✝ indica os momentos do encantamento em que é necessário fazer o sinal da cruz.*
> — Latim, século 12[6]

Na Baixa Idade Média, a Igreja se tornou mais rígida quanto a esses atos, pois pretendia impor o cristianismo como única religião correta. Enquanto isso, as curandeiras tinham uma abordagem pragmática da magia e da religião, de acordo com sua eficácia. Elas reviviam constantemente crenças antigas e as alimentavam com a religião nova. Seus discursos e práticas sobre o invisível e o sagrado causavam cada vez mais desconfiança na Igreja.

Entre as fórmulas mágicas das magas (ou *incantatores*), estavam os princípios ancestrais das correspondências entre os elementos vivos e da transferência de forças por contato ou contágio simbólico. Embora as curandeiras recorressem aos quatro elementos do cosmo e aos astros, elas não desenvolviam teorias sobre eles, como era o caso dos eruditos. Para essas mulheres, o importante era tratar as pessoas e os animais. E, por que não, se surgisse a necessidade, auxiliar os apaixonados rejeitados e influenciar o tempo que ameaça a colheita?[7] Elas cuidavam do cotidiano.

> **Para tratar das anginas**
>
> "Netuno sofreu anginas na pedra; lá ficou, sem ninguém para curá-lo. Ele se curou por conta própria, usando seu tridente." Repita três vezes.
>
> — Latim, século 9. *Codex St Galli* 751[8]

Um dialeto?

Os encantamentos misturavam idiomas locais e latim, mas também grego, árabe e línguas antigas de origem celta ou germânica. Chegavam a se tornar, no mínimo, estrangeiros, e às vezes até incompreensíveis, mesmo para as próprias curandeiras. As fórmulas eram pronunciadas em um dialeto abracadabresco, mas era preciso entender que a formulação, às vezes, era mais importante do que a fórmula em si. As palavras deveriam ser aprendidas de cor e recitadas na cadência ritual. As magas sabiam dar ritmo às frases, modular as sonoridades e entonações. Tinham a intuição do que deve ser sussurrado ou gritado. Concediam vida às palavras e as interpretavam com convicção. Não se deveria recitá-las roboticamente, mas dar consistência autêntica e pessoal. Às vezes, apenas os sons das palavras originais sobreviviam à transmissão oral: o sentido do discurso se perdera, mas não sua música, nem sua intenção. A melodia e o fraseado substituíam as palavras. Até hoje, as preces e os encantamentos dos *faiseurs de secrets** frequentemente são murmurados e confusos. Seu sentido, afinal, é menos importante para a cura do que o modo como se proclama a oração.[9] Ao encantar suas fórmulas, as curandeiras se envolviam emocionalmente com os doentes.

Quando o sentido do encantamento era inteligível, frequentemente se encontrava ali o nome do mal que ele devia afastar. As curandeiras se dirigiam diretamente a esse mal personificado, o interpelavam — "fogo!", "cancro!", "verme!", "peçonha!", "demônio!" — e o intimavam a deixar o corpo da pessoa que atormentavam. Essas conjurações funcionavam como pequenos exorcismos, a partir da ideia de extirpar as moléstias dos seres que parasitam. Encontramos aí o princípio da depuração: era preciso purgar o corpo de tudo que pudesse enfraquecê-lo.

> **Contra as bruxas e os espíritos responsáveis por pesadelos**
>
> Bruxa e todo espírito maligno, em nome da Santíssima Trindade, os expulso, por meus bens, minha carne, meu sangue, os expulso mesmo dos menores buracos de meu lar e minha fazenda, até terem escalado todas as montanhas, atravessado todas as águas, contado todas as folhas das árvores e todas as estrelas do céu, antes que o dia nasça, quando a mãe de Deus dá à luz seu filho. ✝ ✝ ✝
>
> — Encantamento suíço (Argóvia), século 19[10]

---

* Grupo de curandeiros tradicionais da Europa, especialmente em certas regiões da França, da Suíça e da Itália. [N. T.]

O mal era canalizado para fora do corpo e, se possível, contido, para evitar o contágio: poderia ser preso ao corpo de um animal, à água que serviu para lavar a vítima ou a objetos que, em seguida, eram destruídos ritualmente, em uma data certa ou durante uma passagem específica da lua. Os ex-votos onde se registravam os votos de cura e o mal do qual se busca libertação às vezes tomavam a forma de pedacinhos de tecido presos nas árvores, perto de fontes ou santuários religiosos. O mal ficava amarrado ou pregado no lugar, onde se esperava que permanecesse.

Ao poder da palavra, as curandeiras associavam, às vezes, aquele da escrita e gravavam em talismãs[11] invocações ou símbolos astrológicos. Elas aconselhavam que o doente carregasse consigo aquele objeto, destinado a catalisar as forças invisíveis que desejavam atrair ou da qual era preciso se proteger. Às vezes, recomendavam que os talismãs fossem enterrados para se desfazer das entidades presas naquela armadilha. Fabricados com matéria animal ou vegetal, os amuletos eram, por sua vez, consagrados pela palavra antes de serem usados em colares.

Quando os reis impõem as mãos

A Igreja também tinha familiaridade com tais procedimentos. Ela incentivava o culto às relíquias dos santos, frequentemente transmitido pelas próprias curandeiras, que viam nisso um auxílio terapêutico complementar. Elas aconselhavam os doentes a partirem em romarias aos santuários onde estavam os restos mortais dos mártires santificados. Por meio do contato e da oração, poderia ser recebida a graça de uma cura. A Igreja só podia agradecer pelo elo que as curandeiras forneciam no seio da população camponesa:[12] entretanto, não aceitava que elas curassem pelo toque. Não que o toque e a oração terapêutica fossem considerados superstição; porém, apenas os soberanos e santos vivos deveriam deter o poder da cura, poder atribuído a Jesus, que ele teria transmitido a seus apóstolos e discípulos. Dizia-se que vários reis da França podiam curar milagrosamente as escrófulas por meio da imposição de mãos: turbas de doentes se apresentavam aos monarcas para que tocassem suas feridas e fizessem neles o sinal da cruz.[13] O que a

Igreja tolerava entre os reis, contudo, condenava entre as mulheres do povo que tinham a ousadia de acreditar em seu vínculo direto com Deus. De tão condenáveis, lhes eram atribuídas más intenções. Visto que poderiam agir sobre a saúde, favorecer um parto, conjurar feitiços, influenciar o clima, inspirar o amor ou fazer desaparecer os animais incômodos, também tinham, a priori, os recursos para causar doença, provocar abortos, destruir casamentos, atrair intempéries e matar o gado. A figura da velha senhora maga e curandeira encontrava, aqui, seu equivalente negativo, da feiticeira amaldiçoadora. Afinal, as maldições eram, como os encantamentos, palavras performáticas e, portanto, temíveis. E a palavra não era o único vetor de poderes malignos: o contato também era perigoso, especialmente quando disfarçado. Para as pragas se utilizavam bonecos de cera que representavam, com a maior fidedignidade possível, a vítima; com agulhas, espetavam a região dos órgãos que o feitiço pretendia atingir. Para maior eficiência, seguindo o princípio do contato, se misturavam à cera resquícios corporais da vítima, como unhas ou fios de cabelo.[14] Ainda mais vil e preocupante: o olhar da velha feiticeira, reconhecido pelas pupilas duplas, era capaz de transmitir o mau-olhado em um piscar.[15]

Comunicação com o invisível e leitura do futuro

Prever a cura

O infortúnio e a doença eram propícios à incerteza. Para tentar esclarecer a situação, as curandeiras-adivinhas medievais utilizavam métodos de adivinhação vindos, ao mesmo tempo, de heranças pagãs e de princípios revisitados do cristianismo. Elas traçavam caminhos originais entre os cultos e saberes antigos e novos. A Igreja reprovava essas atividades ao longo de toda a Idade Média, apesar de a instituição mostrar, também, atitudes ambíguas relativas à magia e à adivinhação.

Afinal, como a magia, a adivinhação feminina se tornou alvo de estigma cada vez mais forte ao final da Idade Média. A rejeição pela Igreja das práticas que supostamente revelavam o passado e o futuro não era novidade. Desde os princípios do Ocidente cristão, prever o destino dos indivíduos e possivelmente influenciar sua sina envolvia se apropriar de privilégios reservados a Deus. Ora, ninguém pode escapar de Sua vontade, nem interferir no livre-arbítrio que Ele concede aos seres humanos. As pessoas deveriam escolher por conta própria seu destino, ao seguir seus valores morais e aceitar que as dificuldades da vida são provações divinas para testar sua fé. Eclesiásticos importantes denunciavam essas práticas de adivinhação, ou "mandinga". No século 7, o bispo Isidoro de Sevilha alertou o clero sobre esses desvios anticristãos. Em sua obra *Etymologiae*, descreveu precisamente os diferentes métodos dos homens e das mulheres consagrados à leitura do invisível e do futuro.[16] Seu trabalho se tornou referência.

Isso não impediu em nada que o povo, assim como os nobres, consultassem esses "videntes": era preciso perguntar sobre riscos climáticos e seu efeito na colheita, mas também sobre a sorte dos relacionamentos amorosos, familiares, comerciais ou políticos.[17] A figura da adivinha se confundia com a da curandeira, pois tudo se tratava de conhecer a origem do mal que sofriam as pessoas e os animais, e de encontrar os meios mais eficientes para tratá-lo. As mulheres consultavam videntes pelos presságios de sucesso da vida conjugal e da saúde da família, mas também do resultado de uma gravidez que demorava a chegar. Para as futuras mães, as videntes previam o sexo do bebê e antecipavam as dificuldades do parto ou as tão temidas deformidades na criança a nascer.

> **Se quiser saber**
>
> Se quiser saber se um doente morrerá ou sobreviverá, escreva estas letras em uma folha de louro e a apoie em seu pé: se o paciente falar, viverá; se não, morrerá.
>
> — Dito provençal, século 13[18]

> Se quiser saber se um homem morrerá ou não quando estiver doente, recolha sua urina em um recipiente e peça a uma mulher que esteja amamentando um menino que verse seu leite ali. Se o leite flutuar, ele morrerá; se se mesclar à urina, ele tem chance de cura.
>
> — Dito em francês médio, século 13.[19]

Como entre os equivalentes masculinos, as práticas divinatórias eram transmitidas entre as adivinhas graças às mais velhas, e eram muito variadas.[20]

Algumas praticavam os augúrios e auspícios, prolongando, assim, a tradição antiga. Atentas aos sinais presentes no ambiente natural, elas interpretavam o voo dos pássaros, o relinchar dos cavalos ou as espirais da fumaça da lareira. Os quatro elementos do cosmo também eram fonte de inspiração: a hidromancia refletia na água, às vezes mesclada ao sangue, mensagens de demônios.

A geomancia intervinha com materiais tirados da terra, como pedras ou trigo, enquanto a aeromancia e a piromancia observavam os sinais na fumaça e nas chamas.

De acordo com o princípio de correspondência entre as coisas, as adivinhas escolhiam certos animais para sacrificar (*arioli*): elas liam, em suas entranhas, indícios que confirmavam malefícios ou previam o desenrolar dos problemas.

Quando se tornavam *astrologi*, elas previam o destino com base na posição dos objetos celestes.

Já as necromantes se relacionavam com os defuntos: invocavam os mortos para que respondessem a suas perguntas sobre o passado, o presente e o futuro dos consulentes.

As pitonisas apareciam como categoria à parte: escolhidas entre as virgens, suas palavras eram consideradas proféticas. Elas pareciam ser herdeiras distantes da pítia de Delfos, que transmitia aos poderosos as mensagens do deus Apolo.

Por volta do século 12 surgiu a quiromancia: o destino era lido nas linhas da mão direita, no caso dos homens, ou esquerda, entre as mulheres.

Algumas praticavam os augúrios e auspícios, prolongando, assim, a tradição antiga. Atentas aos sinais presentes no ambiente natural, elas interpretavam o voo dos pássaros, o relinchar dos cavalos ou as espirais da fumaça da lareira.

A catoptromancia, por sua vez, invocava demônios para jogar seus poderes preditivos em reflexos. Nos espelhos, no vidro ou na superfície da água, eles liam os sinais enviados por poderes invisíveis.

Apesar de a Igreja reprovar essas atividades divinatórias, seus membros por muito tempo mostraram ambivalência. Os clérigos conservavam, nas bibliotecas, obras que reuniam certas práticas herdadas da Antiguidade grega e latina: os "círculos de Pitágoras" ou as "esferas de Petosíris" eram estranhas figuras geométricas que continham cálculos astuciosos e reflexões astrológicas especulando sobre a cura ou a morte dos doentes. Vários livros descreviam o poder de inscrições pagãs, de origem romana, celta ou germânica (runas), feitas em pergaminhos dispostos no tronco dos doentes.[21]

Adivinhação por sonhos

Alguns clérigos se dedicavam até mesmo à divinação por sonhos. Para os clérigos e laicos de alto escalão, a oniromancia era um meio de encontrar culpados por crimes e tesouros escondidos, ou de resolver conflitos políticos e religiosos. Os livros que prometiam acesso às chaves dos sonhos faziam cada vez mais sucesso.[22] Até as mulheres curandeiras, cujo saber era transmitido em sua maioria oralmente e pela prática, às vezes desenvolviam conhecimento graças a esses livros: elas tiravam dali considerações pragmáticas sobre as causas das doenças e os modos de remediá-las.

As curandeiras que trabalhavam com sonhos lembravam os sacerdotes que serviam aos templos gregos dedicados a Esculápio, o deus curandeiro dos séculos 6 e 5 a.C. Seus santuários frequentemente eram construídos perto de nascentes: os sacerdotes ofereciam aos fiéis as águas sagradas e purificadoras. Elas tinham o poder de estimular visões durante o sono quando adormeciam no *abaton*, espécie de pórtico ritual que criava um intermediário entre os mundos real e divino. Esculápio aparecia para os doentes em sonhos terapêuticos, imediatamente relatados por aqueles que despertavam após o milagre. Nesses lugares, não era raro encontrar também um altar dedicado a Apolo, pai de Esculápio, também deus dos oráculos, que se comunicava com os mortais por intermédio da pítia e de seus transes.[23]

No mundo medieval, as curandeiras faziam perdurar o recurso ao sonho terapêutico sob formas mais difusas e populares: não eram sacerdotisas reconhecidas, e seu sono ritual, como aquele dos doentes, ocorria nas casas ou na natureza, e as visões oníricas eram atribuídas a demônios, a Deus, aos anjos e aos santos. Elas mantinham, assim, a ideia de que a cura não era obtida apenas pelo remédio. Para elas a doença era ainda um estado de desordem cuja causa e cujo desenvolvimento deviam ser buscados, especialmente com a ajuda de poderes invisíveis que regem o mundo dos vivos. As curandeiras buscavam nos sonhos o significado da doença, etapa necessária para os doentes se curarem e reequilibrarem seu mundo.[24]

Outra prática envolvia a fluidez entre o lícito e o ilícito, o sagrado e a heresia. Vários clérigos tinham o hábito de "tirar santos ou apóstolos", técnica utilizada também pelas adivinhas-curandeiras. Após fazer uma pergunta espinhosa, deviam abrir ao acaso uma página da Bíblia, ou de outro texto religioso, para encontrar o trecho que esclareceria especificamente a questão. Francisco de Assis estava entre aqueles que recorriam a esse tipo de adivinhação para orientar a prática espiritual, método que não chegava nem perto de ser unânime no clero.[25] Entre as curandeiras, o uso era mais prático: era questão de esclarecer as dúvidas ligadas à saúde e ao sofrimento das pessoas. O trecho designado nas escrituras permitia identificar a que santo se dedicar para obter misericórdia. Algumas adivinhas se especializavam aos poucos nessa área e se tornaram especialistas em designar o santo padroeiro capaz de curar cada pessoa. Elas orientavam os doentes aos santuários onde as preces seriam respondidas e também participavam da popularização das romarias.

Místicas em êxtase

Durante toda a Idade Média, as representações religiosas do feminino continuavam muito influenciadas pelo pensamento de são Paulo, um dos doze apóstolos de Jesus Cristo. Para ele, a primazia da criação de Adão em relação a Eva no relato do Gênesis justificava a subordinação da mulher ao homem. Feita de parte dele, ela só poderia ser dele dependente. A única função que justificava sua criação residia naquilo que o homem não poderia fazer só: gerar. A figura da Virgem Maria glorificava a maternidade, mas exaltava, sobretudo, a virgindade feminina.[26] O modelo feminino valorizado era aquele das virgens que entravam no convento para declarar seus votos de castidade, obediência e devoção a Deus. As ordens cistercienses, dominicanas, franciscanas e beneditinas abriram, ao longo dos séculos, conventos nos monastérios. A vida das mulheres enclausuradas era orientada por regras estabelecidas por homens: prometiam um ideal de pureza e o controle dos desvios imputados ao gênero feminino. Seria preciso esperar o princípio do século 13 para que Clara de Assis, discípula de Francisco de Assis, fundasse a primeira ordem feminina juridicamente independente: a ordem das clarissas.

Várias freiras se dedicavam à cura de suas irmãs, dos pobres e dos peregrinos que lhes batiam à porta. Outras trabalhavam no ensino, ou em tarefas que rendiam recursos para os monastérios. Porém, elas eram proibidas de ocupar os cargos altos da hierarquia eclesiástica e, especialmente, de se dedicarem ao sacerdócio. A pregação religiosa e a condução das missas eram trabalho masculino. As mulheres, de acordo com eles, não apresentavam a pureza espiritual nem a faculdade intelectual necessárias para praticar a teologia, que exigia o uso da razão, da qual as mulheres eram consideradas "naturalmente" incapazes.[27] Porém, certas freiras se tornaram exceções, como a famosa abadessa alemã Hildegarda de Bingen, já mencionada. Essa freira beneditina se tornou uma figura importante da espiritualidade medieval. Jovem nobre, ela declarou seus votos no convento aos 15 anos. Relatou suas visões à superiora, Jutta, que também era filha de um conde. Compostas de formas coloridas que simbolizavam as criações do mundo, essas visões causaram uma sensação de intensidade: Hildegarda insistia que elas lhe vinham diretamente de Deus. Impressionada pelo relato, Jutta entregou a jovem aos cuidados do monge Volmar, que se tornou seu confessor e pregador, e, depois, conselheiro e secretário. O clérigo ensinou teologia a Hildegarda e registrou suas visões em uma série de três volumes intitulados *Liber scivias Domini* (Livro para conhecer as vias do Senhor), *Liber vitae meritorum* (Livro dos méritos da vida) e *Liber divinorum operum* (Livro das obras divinas). A cosmologia cristã que ela transmitiu se desenha de modo poético através de imagens e alegorias que ecoam os relatos do Apocalipse.

Mulher inspirada, ela compunha também cânticos sagrados de sonoridades aéreas que elevavam as vozes ao divino. Suas visões sobre as "maravilhas" da Criação também a incitaram a produzir sua obra notável sobre as classificações de plantas e remédios. Após a morte de Jutta, Hildegarda, aos 38 anos, se tornou superiora do convento. Os homens da Igreja conduziram uma investigação, e o relato comoveu o Papa, que encorajou a difusão das visões da freira ao seio do cristianismo, vendo ali uma oportunidade de reavivar a fé dos fiéis. Hildegarda de Bingen foi autorizada a fundar uma abadia e a viajar para pregar em diferentes regiões renanas. Seu renome era considerável, e as elites a consultavam com questões teológicas, políticas e médicas.[28]

Uma comunidade de mulheres, as beguinarias

Indiretamente, o percurso de Hildegarda de Bingen abriu caminho para outras experiências femininas voltadas para a contemplação e o êxtase.[29] A partir do século 13, comunidades de mulheres beatas, chamadas de beguinarias, surgiram nas maiores cidades da atual Alemanha, dos Países Baixos e da maior parte da Europa mediterrânea. Sob supervisão das autoridades municipais laicas, essas comunidades eram investimento de missões de interesse social e econômico, o que permitia que seus membros subsistissem coletivamente. Algumas beguinarias eram, inclusive, conhecidas por ganhar uma fortuna no campo têxtil. Inspiradas pela fé cristã, muitas beguinas trabalhavam em troca de pouco dinheiro na assistência aos pobres e no cuidado dos doentes. Em certas cidades, elas eram contratadas por hospitais como enfermeiras.[30] Assim como as freiras, escolhiam cuidar dos mais pobres pelo espírito de caridade e pela obra da misericórdia. Porém, diferente das freiras, as beguinas viviam sob controle laico, ou seja, não pertenciam nem obedeciam a qualquer ordem religiosa, nem faziam votos perpétuos de castidade. Além disso, esse estilo de vida as liberava das obrigações familiares e conjugais.

Esse movimento era uma grande novidade na sociedade medieval. Frequentemente solteiras ou viúvas, elas vinham das camadas mais modestas da sociedade. Tornar-se beguina surgia, em determinado momento da vida, como solução para a sobrevivência: muitas não encontravam refúgio nos conventos, que não tinham espaço suficiente e, ademais, preferiam acolher as moças da nobreza. As beguinas eram exemplos. Tinham uma vida simples, com poucas posses, e compartilhavam muito. Elas se dedicavam a Deus e, no cotidiano, demonstravam o valor do trabalho e seu envolvimento no cuidado dos mais humildes. Elas também se beneficiavam do apoio dos frades e das freiras das ordens mendicantes.

Entretanto, elas surpreendiam devido a sua espiritualidade peculiar, com espaço considerável dedicado às experiências místicas e ao transe.

Um verdadeiro movimento espiritual essencialmente feminino se organizou ao redor delas. Enquanto o êxtase das visionárias religiosas era mais calmo e contemplativo, as beguinas envolviam o corpo mais intensamente. Em estado de transe, grandes ondas emocionais as submergiam: elas choravam, gritavam, voltavam a soluçar, gesticulavam e desabavam sempre que o divino se expressava através delas. A comunhão com Deus não era uma meditação silenciosa, nem uma ascese treinada por muito tempo, mas uma catarse barulhenta, uma palavra liberada, um grito dos céus. O invisível se manifestava por todos os sentidos: os olhos da alma viam o invisível e seus contornos, o sopro divino exalava em seus corpos, os ouvidos internos captavam os sons e as palavras, a língua provava sabores estranhos. O choque era intenso: o coração balançava, a boca secava, as veias inchavam, os membros ardiam por dentro. Para atingir mais facilmente esse estado, as mulheres místicas sacrificavam o corpo com jejum, abstinência sexual e alimentar e mortificações rituais. A experiência do divino em si era composta por sofrimento infinito e amor incondicional.[31]

Pois o amor, no sentido do amor divino, estava no cerne da espiritualidade das beatas beguinas. A obra de Beatriz de Nazaré o utilizou como tema central: em cerca de 1235, ela escreveu *Sete maneiras de amor sagrado*. Essa beguina, que se tornou freira cisterciense, expressou assim suas experiências de comunhão extática, intensas e sutis, com o amor divino.

Algumas beguinas atraíam multidões, como Maria de Oignies, de Liège, que fascinava devido a sua personalidade brilhante. O sábio Jacques de Vitry tinha curiosidade de conhecê-la. Impressionado, ele decidiu se consagrar a ela e seguir o caminho do sacerdócio. Ele se tornou, assim, seu confessor, e escreveu seus relatos e os difundiu publicamente. Pouco após a morte da beata, em 1213, ele escreveu sua hagiografia e auxiliou sua canonização. Santa Maria de Oignies se tornou, assim, uma santa milagreira. Várias beatas eram, do mesmo modo, acompanhadas por clérigos que lhe serviam como pregadores e secretários. Ao participar da difusão das visões das beatas extáticas, eles controlavam, ao mesmo tempo, os desvios de acordo com a teologia dominante.[32]

Uma nova literatura em vernáculo popular

Enquanto o clero considerava que a razão teológica era inacessível às mulheres, os homens da Igreja mais próximos das beguinas defendiam a ideia de que Deus podia comunicar-se com elas por vias mais físicas e intuitivas. Essa mulheres normalmente eram tocadas pelos males da melancolia ou da doença, e na medicina monástica o sofrimento era considerado um estado especialmente propício ao ascetismo, o que explicaria seus dons de comunicação com o divino. Tranquilizados por esse argumento, os homens da Igreja legitimavam sua presença ao lado delas e favoreciam a tradução escrita, relativamente conforme à fé cristã, de suas experiências de transe.

Quando elas confessavam ou ditavam suas visões, em fragmentos e hesitações, as beatas tinham dificuldade de encontrar as palavras. Descrever o que sentiam em seus encontros espirituais não era fácil. Apesar de a maioria entre elas ter conhecimento profundo da teologia, elas frequentemente se justificavam com o argumento de não dominar, como os homens da Igreja, a linguagem consagrada. Isso permitia que elas utilizassem as próprias palavras, sem dar a impressão de invadir o território da espiritualidade masculina. Elas se protegiam ao afirmar sempre que seus discursos não eram em contexto algum fruto do próprio pensamento, mas da expressão de Deus através delas.[33] Contudo, algumas beatas beguinas eram mulheres alfabetizadas e educadas, e escreviam seus próprios relatos, escapando do controle dos confessores. Elas produziam uma nova literatura em vernáculo popular, espiritual e feminino. Matilde de Magdeburgo foi a primeira, por volta de 1250, a publicar sua própria obra (em alemão), intitulada *Das fließende Licht der Gottheit*, ou *A luz que flui da Divindade*. A beata beguina de Helfta, sujeita a visões desde os 12 anos, compartilhou nesse livro sua vida interior e sua interpretação das experiências que atravessou.

Ao longo da Idade Média, as mulheres-que-veem mantiveram relações ambíguas com a Igreja, compostas de concorrência, de acusação e, às vezes, de acordos.

Essas mulheres, sua poética e suas obras literárias atravessaram a cristandade ao final da Idade Média, o que orgulhou a Igreja e a inquietou na mesma medida. O sucesso delas era ainda maior porque pregavam em suas respectivas línguas maternas, tornando-se, assim, mais acessíveis a todos, ao contrário dos padres que pregavam em latim e tornavam seus sermões incompreensíveis para a maioria da população, que não era instruída. A espiritualidade feminina abriu muito espaço para a transmissão das experiências sagradas pela oralidade, diferente daquela dos homens, escrita, intelectual e elitista. Entretanto, esse movimento das mulheres que não eram freiras nem casadas, difíceis de classificar e controlar, era apoiado por movimentos críticos à Igreja. Elas se tornaram rapidamente alvo dos tribunais da Inquisição, dedicados a lutar contra a heresia. Entre as condenadas, a francesa Marguerite Porete se tornou um símbolo. Essa escritora mística do movimento das beguinas foi queimada na fogueira em praça pública em Paris no dia 1º de junho de 1310. Jogaram nas chamas, junto com ela, seu livro: *Le Miroir des âmes simples* (O espelho das almas simples).[34]

Ao longo da Idade Média, portanto, as mulheres-que-veem mantiveram relações ambíguas com a Igreja, compostas de concorrência, de acusação e, às vezes, de acordos. O clero tentou impor um Deus único enquanto as curandeiras ao mesmo tempo perpetuavam as divindades pagãs e reforçavam a imagem do Deus cristão. Elas aspiravam tornar-se o único intermediário legítimo entre os mundos profano e sagrado, papel que as populações reconheciam também nas feiticeiras e adivinhas. Como estas últimas, certos clérigos de renome não hesitaram em utilizar ao mesmo tempo o registro da magia e da religião, o que criou confusão entre as práticas lícitas ou ilícitas. Isso pode explicar por que as mulheres-que-veem foram relativamente toleradas, pelo menos até o fim da Idade Média. Apesar de o clero desejar prescrever os modos de honrar a Deus e escutá-lo, ele admitiu que as místicas, freiras ou beguinas O encontrassem sem ele, e, entre elas, pelo transe. Deus privilegiaria, assim, a via das sensações e das emoções para manifestar-se nelas.

Para a Igreja, ouvir vozes, ter visões ou sentir emoções pelo transe pareciam disposições mais femininas, das quais as mulheres não teriam culpa completa. Era, afinal, questão de sua natureza. A fraqueza física e mental que supostamente as caracterizava as tornaria mais permeáveis à visita do divino... mas também dos demônios! Era por isso, então, que elas deveriam ser ainda mais orientadas em direção à fé "verdadeira".

Sem problema! Enquanto eram excluídas dos lugares do saber onde se estuda e exerce a magia e a religião, as mulheres-que-veem aproveitaram, conforme o possível, essas atribuições prejudiciais: limitadas a serem apenas corpos fracos e submissos, foi pelos próprios corpo, voz e emoções que elas dominaram o poder do oculto e do sagrado.

DO RENASCIMENTO À REVOLUÇÃO

DESTITUÍDAS, ACUSADAS, DESACREDITADAS

No final da Idade Média, as mulheres sábias, aquelas que viam o futuro e as mulheres-dos-remédios se tornaram alvo de um empreendimento vasto de estigma e exclusão. Elas foram desacreditadas, acusadas e perseguidas pelas autoridades intelectuais, políticas e religiosas. Sempre representadas por homens, essas instituições buscaram assegurar a própria legitimidade. Insidiosa e tragicamente, as curandeiras se encontraram no centro desses jogos de poder.

Os escolásticos estigmatizaram as curandeiras

Ao longo da Idade Média, as curandeiras foram reconhecidas por seus saberes empíricos e mágicos. Seus gestos e fórmulas se renovaram constantemente pela associação das heranças pagãs e da espiritualidade cristã. Sua magia reuniu o antigo, as crenças já ilegítimas, e o novo, a religião católica oficial. No século 12, sob influência dos escolásticos, a Igreja, que até então as tolerava, entrou em oposição declarada contra elas.

O século 12 inaugurou uma renovação cultural, espiritual e científica. Os textos dos filósofos e astrólogos da Grécia antiga, enriquecidos por aqueles dos sábios do Oriente Médio, foram redescobertos graças à tradução de suas obras do grego e do árabe para o latim. Assim, alimentaram a emulação intelectual da universidade. Os pensadores escolásticos, do clero ou laicos, desenvolveram uma filosofia que conciliou a religião cristã e o conjunto desses saberes finalmente acessíveis. O pensamento dos gregos, particularmente de Aristóteles, assim como as ciências mágicas e divinatórias do mundo árabe-muçulmano foram especialmente admirados.[1] Ao contrário da Igreja cristã, que classificou a magia e a adivinhação como crenças equivocadas, as instituições religiosas do mundo árabe as classificaram ao lado das ciências, com a astronomia, a astrologia e a medicina. Desse modo, o islã não se opôs diretamente às artes ocultas e conservou, portanto, seu lugar de religião dominante. Esse modo de apreender o invisível englobou os escolásticos ocidentais em sua estratégia de elaborar uma magia e divinação eruditas, adaptadas aos princípios da teologia cristã. A astrologia e astronomia chegaram, assim, às universidades. Alguns acadêmicos se especializaram em horóscopos e na previsão dos astros.[2]

As curandeiras com talentos de adivinhação e feitiçaria estavam havia muito acostumadas a essa mistura de métodos. Era, na verdade, o que frequentemente se criticava nelas! Sua medicina, indissociável da magia-feitiçaria, havia muito tempo constituía uma arte sincrética. Elas eram pioneiras nessa matéria. Porém, a integração das heranças pagãs às crenças e aos conhecimentos dominantes foi considerada inadequada quando vinha das terapeutas populares, especialmente entre mulheres analfabetas de berço pobre. Quando a iniciativa era baseada em escritos teológicos e científicos e era tomada por homens, tornava-se legítima.

Esses eruditos não hesitavam em difamar suas concorrentes. As senhoras curandeiras se viram assimiladas à figura da matrona ignorante, ingênua, que deu as costas a Deus e cujo sucesso terapêutico devia-se apenas à sorte e ao acaso. Em *Les Évangiles des quenouilles* (*O evangelho da roca*), obra literária do século 15, seis matronas picardas trocam, ao longo da fofoca, mais de duzentas fórmulas secretas e receitas mágicas. Nesse texto, rico de saberes apesar do tom satírico, elas aparecem sob os traços de pobres, burras, muito ingênuas ao acreditar que suas palavras e seus gestos previam e curavam.³

A *magia sem as magas*

Antes de *Les Évangiles des quenouilles*, diversos magos eruditos já tinham adotado as fórmulas das curandeiras. Porém, como era frequente, seus trabalhos integraram a magia popular local... sem as magas. Do século 13 ao 18, sob a pena desses homens de alto escalão, se multiplicaram os textos sobre magia e divinação, chamada na época de "nigromancia", a ciência das coisas ocultas. As frases mágicas dos *"experimentas"* e as precisões sobre a consagração das pedras nos "lapidários" se enraizaram no terreno cultural das curandeiras populares. Surgiram coletâneas de simpatias dos santos, na linha de *Sorts de Saint-Gall* (Simpatias de São Galo), do século 17, acrescidas de traduções árabes e de costumes locais contemporâneos. As obras eruditas contendo as chaves dos sonhos se difundiram, demonstrando o interesse crescente pela oniromancia, praticada pelas curandeiras adivinhas desde o início da época medieval.⁴

Livros de magia de sucesso atemporal

Certos livros de magia se tornam enormes sucessos. Aqueles atribuídos ao filósofo e teólogo dominicano Alberto Magno, pensador escolástico do século 13, promoveram a razão e a lógica para compreender melhor o mundo. Seus questionamentos de ordem metafísica trataram da alma e da diversidade do mundo vivo. Ele escreveu até mesmo um tratado sobre a saúde das mulheres, *De secretis mulierum*. Dedicou interesse especial à magia "natural" e aos poderes das plantas, das pedras e dos astros. Porém, não foi ele o autor do *Grand Albert*, que leva seu nome. Essa obra enigmática de magia contém contribuições muito inspiradas nas receitas ocultas e nos procedimentos divinatórios das curandeiras do final da Idade Média. A partir do século 14, tornou-se um livro de referência em questão de ocultismo popular. Seu sucesso inspirou a publicação, cinco séculos depois, de outras obras, como *Le Petit Albert* ou *L'Albert moderne*, e a "coleção", constantemente reeditada, continua a fazer sucesso. Outra obra, menos conhecida do público amplo, também se torna referência no século 16: *Três livros de filosofia oculta*, do mago, médico e alquimista alemão Henrique Cornélio Agrippa, publicado em 1531. Ele compilou uma quantidade considerável de práticas de magia-feitiçaria popular, tornando-se a maior coletânea sobre o tema publicada no Ocidente durante o Renascimento.[5]

Porém, nessa história das artes ocultas, as curandeiras populares não tinham influência ou voz. Mulheres da oralidade, elas não participavam da escrita de seus saberes, que adquiriram, assim, status científico. Elas também não foram convidadas a dividir a honra dos homens sábios que se apresentaram como "autores" dessas obras. As ambições dos eruditos não eram as suas e se desenrolaram em esferas paralelas, às quais elas não tinham acesso. Seguiram suas atividades ordinárias de cuidado ou divinação, sem dimensão do que acontecia sem sua participação. Elas não se organizaram para se proteger da influência desses homens que monopolizaram seus saberes e destruíram sua reputação. Eles deveriam contrariar a influência da Igreja, cada vez menos favorável ao projeto escolástico, pois viam ali um desvio dos valores e dos princípios fundamentais do cristianismo, uma contaminação do dogma pelas filosofias gregas e árabe-muçulmanas. No século 13, a instituição religiosa reafirmou sua rejeição da adivinhação astrológica, inclusive para fins médicos, pois não poderia aceitar a ideia de que o destino dos homens fosse influenciado pelos astros e não pelo livre-arbítrio que lhes fora confiado por Deus. Via cada vez mais a necromancia, a feitiçaria por invocação dos mortos, como divinação sombria baseada na invocação intencional de demônios perigosos. Ela condenava aqueles que praticavam a divinação profética por tiragem de santos, ossículos ou grãos de trigo. Proibiu as pitonisas porque não poderiam existir profetas além daqueles indicados pelos textos santos, de modo que os outros eram culpados de difundir religiões falsas.[6]

Ao denunciar as práticas das curandeiras, adivinhas e feiticeiras, os escolásticos legitimaram seu próprio uso da magia.[7] Tomás de Aquino, discípulo de Alberto Magno, foi precursor dessa iniciativa de demonização das curandeiras, seguido de perto pelo inquisidor Bernardo Gui.

Magia que se tornou desviante

A catoptromancia foi um exemplo expressivo.[8] Essa técnica divinatória era baseada na utilização de objetos rituais escolhidos por sua capacidade de refletir a luz: espelhos, cristais ou simplesmente a superfície da água, onde as adivinhas pudessem invocar e enxergar sinais enviados por forças invisíveis. Enquanto para o povo a luz refletida ali era natural ou sobrenatural, os escolásticos afirmavam ver a reverberação da luz divina. Para eles, os poderes, mortos ou demônios invocados para aplicar os objetos de sua capacidade preditiva eram todos, sem exceção, comandados por Deus. Essa explicação permitiu denunciar a persistência pagã na magia-feitiçaria das mulheres que, vergonhosamente, recusavam a Ele para comandar os demônios. E, ademais, que se tornaram culpadas por uma relação direta com os demônios, quiçá até mesmo com o diabo em si, o que a Igreja não poderia aceitar.

O poder encantatório dos magos era fundamentado em seu saber dos nomes dos demônios e de Deus, conhecimento que fora tirado dos textos esotéricos que eram... inacessíveis às curandeiras, frequentemente analfabetas e excluídas dos locais de conhecimento oficial. Os magos impuseram, assim, modos bons e ruins de convocar os poderes invisíveis: as fórmulas "boas" dependiam da enumeração, em intensidade progressiva, dos apelos esotéricos ao divino, garantia de sucesso da palavra ritual. As fórmulas ruins eram aquelas das senhoras camponesas, vistas como ignorantes, cujos encantamentos incompletos e fúteis não poderiam ser eficazes. Para se diferenciar, os magos insistiam também na importância da pureza física e espiritual no momento dos ritos. Eles praticavam jejum ou orações particulares antes dos rituais, ou chamavam crianças, símbolos da inocência, para servirem de médiuns na comunicação com os poderes invisíveis. De acordo com os magos, as feiticeiras e adivinhas não podiam acessar essa pureza simbólica: mulheres, analfabetas, não virgens, praticavam fora do controle dos maridos, ajudando outras mulheres em tratamentos dos mais vis e conhecendo remédios capazes de matar ou enfeitiçar. Ao mesmo tempo que acusavam as senhoras curandeiras, eles se erguiam em uma espécie de elite espiritual capaz de obter respostas de Deus e seus intermediários.[9]

Ao fim da Idade Média, apesar de compartilharem os domínios da magia e da divinação, os homens eruditos e sábios e as mulheres-que-veem não se encontravam. Enquanto diferentes ramos da Igreja e da ciência entravam em oposição, criou-se um espaço de concordância entre eles: o estigma da figura profana da curandeira, que não pertencia nem ao sagrado, nem à sabedoria. Os homens curandeiros não foram tão difamados quanto elas. No cruzamento dos jogos de poder das elites, forjou-se pouco a pouco a imagem da bruxa submissa a Satã que queimaria nas fogueiras.

Os inquisidores e juízes laicos condenam as bruxas

No início do século 13, a Igreja católica montou um tribunal eclesiástico encarregado de lutar contra as heresias — movimentos espirituais que ameaçavam a unidade e o monopólio da instituição religiosa dominante. Os inquisidores elaboraram um *corpus* de saberes e organizaram a repressão. O dominicano Bernardo Gui (1261-1331), nomeado grão-inquisidor de Toulouse em 1308, escreveu o primeiro manual inquisitorial destinado a seus irmãos, *Practica inquisitionis haereticae pravitatis*, ou "Manual do inquisidor". Ficou conhecido por suas investigações e pela severidade das sentenças que determinou. Envolveu-se principalmente na luta contra os heréticos cátaros e valdenses, inimigos conhecidos da Igreja, e também naquela contra as beguinas.[10] Em 1319, a condenação da beata beguina Margarida Porete à fogueira e de seu livro *Le Miroir des âmes simples* foi comandada pelo dominicano Guilherme de Paris, na época inquisidor-geral do reino da França. A Inquisição via essas mulheres como presas de Satã: sendo mulheres, estariam mais sujeitas às ilusões do diabo e, se acreditavam que Deus se dirigia e se expressava por elas, era por serem vítimas dos truques do Tinhoso.[11] O movimento social e espiritual (feminino, original e subversivo) das beguinas foi perseguido por quase dois séculos, desaparecendo pouco a pouco. Ao marcá-lo com o selo da heresia, a Inquisição legitimou a perseguição e condenação feroz das mulheres místicas e das adeptas do movimento. Ela enfraqueceu os pilares construídos ao redor da liberdade de agir sem autoridade masculina, da liberdade de expressão, da autonomia espiritual, da reivindicação de um contato direto e privilegiado com Deus pelo êxtase e do acesso de todos a pregações e textos em vernáculo.

O movimento social e espiritual (feminino, original e subversivo) das beguinas foi perseguido por quase dois séculos, desaparecendo pouco a pouco.

Contudo, as mulheres ainda assim desenvolveram dons místicos e encontraram algum sucesso. No século 14, as freiras Catarina de Siena e Brígida da Suécia também intervieram junto ao próprio Papa para esclarecer suas decisões e encorajar a unidade da Igreja no contexto agitado do Grande Cisma do Ocidente. A posição social e as redes de influência dessas mulheres de alto nível que se inseriam nas questões políticas da Igreja as protegeu das condenações. Vinda de uma família camponesa, guiada por vozes interiores que lhe vinham de Deus, Joana d'Arc, por sua vez, receberia um apoio muito menos sólido. Suas visões místicas e sua coragem ajudaram

Carlos VII a reconquistar os territórios franceses sob ocupação inglesa. Porém, capturada e vendida aos ingleses por seus aliados na França, "a Bruxa", como a chamaram do outro lado do canal da Mancha, foi julgada por heresia. O rei não a salvou da fogueira, na qual morreu em Rouen em 1431.[12]

A partir do século 14, a Inquisição expandiu seu campo de ação e se voltou para a magia-feitiçaria na região camponesa, transformando representações para qualificá-las como heresia e obra do demônio.

A onipresença das fadas, dos demônios e dos espíritos compôs um terreno fértil para os inquisidores, que trabalharam para remodelar a figura do diabo de modo a criar um mito apavorante. Nesse mito, o diabo não se confinava mais ao Inferno, mas perambulava pela terra para cumprir suas terríveis tarefas. Seus traços chegavam a lembrar aqueles das divindades greco-romanas, tão reprovadas pela Igreja. Suas patas e seus cascos lembravam o deus Pã; seu tronco nu, o de Diana; seu focinho, o dos demônios animais pagãos; seus vícios evocavam os costumes orgiásticos do deus Baco; suas asas, por sua vez, eram um atributo cristão que lembrava aos fiéis que ele era um anjo caído.[13] Era um ser malicioso e mentiroso, que se metamorfoseava para não atrair desconfiança dos homens e das mulheres que pretendia dominar, possuir ou entregar à morte eterna. A Inquisição fez nascer a ideia de que as curandeiras não curavam pelo comando dos demônios e das forças invisíveis, como se acreditava, mas extraíam suas competências mágicas e divinatórias de um pacto com o diabo.[14]

Bruxas demoníacas

Por serem mulheres, tinham particular inclinação para contratos diabólicos, de acordo com a expertise dos dominicanos Heinrich Kraemer e Jakob Sprenger, apoiada pelo papa Inocêncio VIII. Os autores do *Malleus Maleficarum*, ou "Martelo das feiticeiras", publicado em 1484, cristalizaram o estereótipo da mulher bruxa herética e diabólica. Eles se baseavam em textos religiosos antigos e medievais especialmente misóginos. Em todas as nações europeias, a obra se tornou um verdadeiro guia para caçadores de bruxas e juízes, tanto eclesiásticos quanto laicos. Lia-se ali que a natureza feminina era impura por essência e mais receptiva às ilusões dos demônios, o que tornava as mulheres mais sorrateiras e inclinadas a utilizar feitiços e maldições. Elas seriam também menos capazes de resistir ao pecado da carne (fraqueza que o diabo conhecia bem) e mais predispostas a levar os homens à tentação. As bruxas fornicavam às escondidas com o diabo, que tomaria belas aparências. Deixavam que ele as penetrasse com seu sexo frio e as contaminasse com sua semente; seus corpos pervertidos tornavam os maridos impotentes e estéreis, em uma época em que conceber futuros herdeiros e fiéis era um dever. Quando reunidas nos sabás, suas assembleias noturnas, elas se entregariam a orgias sexuais e devorariam crianças, envolvendo-se assim nos tabus sociais e religiosos mais fundamentais.[15]

Os autores do *Malleus Maleficarum*, ou "Martelo das feiticeiras", publicado em 1484, cristalizaram o estereótipo da mulher bruxa herética e diabólica. Eles se basearam em textos religiosos antigos e medievais especialmente misóginos. Em todas as nações europeias, a obra se tornou um verdadeiro guia para caçadores de bruxas e juízes, tanto eclesiásticos quanto laicos. Lia-se ali que a natureza feminina era impura por essência e mais receptiva às ilusões dos demônios, o que tornava as mulheres mais sorrateiras e inclinadas a utilizar feitiços e maldições.

Ora, as curandeiras mexiam com os tabus havia séculos. Usavam a magia misturada à religião para curar, previam o futuro e interpelavam demônios bem debaixo do nariz da Igreja. Por serem frequentemente mulheres mais velhas, não precisavam temer a autoridade de pais e maridos, e se permitiam um distanciamento da moral social e religiosa. Forçavam os limites do controle e da censura feminina, e se expressavam e agiam com relativa liberdade. Independentes, iam de casa em casa, libertando-se do modelo da mulher cristã contida ao lar. Tinham também muita influência sobre outras mulheres. Temia-se, inclusive, que fizessem o papel de alcoviteiras e propagassem comportamentos sexuais desviantes.

Quando os preparos das mulheres-dos-remédios não funcionavam, acusavam-nas de envenenamento, comandadas pelo diabo em pessoa.[16] Em seus caldeirões, não preparavam mais remédios, mas venenos. Analfabetas e "naturalmente" pouco propensas à inteligência, as mulheres curandeiras não possuíam conhecimentos terapêuticos, na opinião dos inquisidores; seus saberes eram certamente cochichados pelo diabo. A morte daqueles que elas não conseguiam curar era indício de atividades com intenções demoníacas. Sob o pretexto da cura, elas usariam seus poderes mágicos para matar.[17]

Curandeiras no banco dos réus

"Ninguém prejudica a Igreja católica mais do que as parteiras", afirmou o *Malleus Maleficarum*.[18] As ações das matronas exacerbaram as tensões. Elas conheciam as plantas que atenuavam as dores do parto, consideradas pela Igreja castigos divinos. Discretamente, essas mulheres distribuíam remédios que faziam descer a menstruação e provocavam aborto, indo contra as aspirações do divino. Elas, às vezes, sabiam de infanticídios trágicos que não denunciavam. Por esses motivos, eram cada vez mais vigiadas pela Igreja e regularmente acusadas de bruxaria no caso de abortos espontâneos ou de partos com resultados ruins.[19]

As curandeiras logo se juntaram ao banco das acusadas de bruxaria e às fogueiras das condenadas. O painel de acusações era cada vez mais amplo: subversão política, prática de magia, blasfêmia, ou ainda práticas sexuais proibidas pela Igreja (sodomia, sexualidade feminina). Sentenças pesadas, que iam da excomunhão aos castigos corporais, eram outorgadas àqueles que não denunciavam os bruxos e as bruxas. Conforme as epidemias de bruxaria se propagaram pela Europa e aumentaram a quantidade de execuções, o medo se difundiu e as delações em certas regiões se tornaram sistemáticas. Por volta de 34 mil mulheres foram executadas dentre um total de aproximadamente 40 mil vítimas registradas na Europa do século 14 ao 17.[20]

É difícil determinar com precisão quantas delas foram mulheres sábias que curavam, mulheres-dos-remédios e mulheres-que-veem. Apenas a atividade específica das parteiras foi mencionada nos processos de modo regular. Porém, houve uma grande proporção de mulheres mais velhas entre as vítimas das caças às bruxas.[21] Sabe-se também que as curandeiras eram frequentemente senhoras das comunidades camponesas. Essas comunidades viram morrer várias de suas curandeiras nas fogueiras.

É ainda mais complexo determinar a quantidade de curandeiras acusadas e liberadas ao sobreviver à investigação. Esses interrogatórios frequentemente se transformavam em suplício: para encontrar no corpo das mulheres a marca do pacto ou da união com o diabo, os juízes eclesiásticos e laicos obrigavam-nas a se despir antes de serem esfoladas, espetadas e perfuradas por instrumentos especificamente concebidos para a anatomia feminina. Torturadas, linchadas, humilhadas e repudiadas, as inocentes eram condenadas a uma vida de abandono.[22] Entre elas existia uma grande quantidade de curandeiras.

A violência desses acontecimentos marcou profundamente as identidades e sociabilidades femininas, assim como os papéis das mulheres nas medicinas populares. Foi preciso esperar o século 19, já em pleno Romantismo, para o historiador Jules Michelet se dedicar, em um ensaio intitulado *A feiticeira*, a inverter o estereótipo da bruxa das fogueiras e associar a elas a imagem da curandeira camponesa injustamente perseguida.[23]

Os médicos designam as charlatonas

Durante a caça às bruxas, os médicos não se apresentavam como defensores das mulheres, muito menos das curandeiras populares. No século 12, eles também descobriram os tratados vindos da Antiguidade e do Oriente Médio. O *corpus* atribuído ao filósofo e médico grego Hipócrates e os trabalhos de Galeno, seu sucessor, figuravam entre os mais célebres e influentes, assim como o *Cânone da medicina* do persa Avicena. Essas obras foram os pilares da renovação médica. A partir do século 13, surgiram as primeiras universidades médicas, em Bolonha, Paris, Montpellier e ainda Salerno, deslocando os lugares de saberes médicos, tradicionalmente circunscritos aos monastérios. A princípio sob controle do clero, essas universidades se tornaram progressivamente mais laicas. Os universitários, todos homens, construíram nessa época as primeiras bases do reconhecimento da identidade social dos médicos, da superioridade de seus saberes e de seu monopólio da arte do cuidado.[24] As curandeiras camponesas, fundamentais para a maior parte da população, apareciam como suas rivais diretas. Os médicos então se dedicaram a excluí-las e desacreditá-las, para se proteger e alimentar suas ambições.

Os homens enquadram a medicina

Inicialmente, os médicos reorganizaram o ensino da medicina e continuaram a excluir as mulheres. A formação se construiu aos poucos entre os séculos 13 e 14, com base em um curso de três anos na faculdade de medicina, concluídos com uma prova de bacharelado. Depois disso, o estudo seguia por alguns meses junto a um mestre, pontuado por provas que levavam aos graus de bacharel, mestrado e doutorado. Os médicos adquiriram, assim, o direito exclusivo de formar e designar os cuidadores legítimos, membros do "corpo médico" por vir.[25] Aqueles que não tinham a possibilidade de acessar esses estudos (por falta de formação intelectual, por motivos econômicos ou por serem mulheres) foram excluídos a priori. Os terapeutas empíricos e mágicos, que não tinham diploma, teoricamente não poderiam, então, alegar a cura. Eram claramente identificados como uma categoria de praticantes ilegítimos, que exerciam, em relação aos médicos, uma concorrência desleal. Entre eles, as senhoras curandeiras eram apresentadas pelos médicos como as contraventoras mais comuns e, ao mesmo tempo, mais despreparadas para o cuidado.[26]

Rebaixadas à sua suposta natureza, as curandeiras agiriam como bichos que indicavam à prole, por instinto de sobrevivência, como limpar uma ferida ou qual planta macerar para se purgar.

De acordo com os médicos, elas não tinham, de modo algum, a capacidade de acompanhar os aprendizados e raciocínios abstratos necessários para a ciência médica, que, dessa época até quase o final do século 18, eram adquiridos principalmente por escuta da leitura comentada em latim de passagens dos escritos dos grandes médicos da medicina humoral. A medicina não se aprendia, portanto, com os pacientes.[27] Enquanto justificavam a exclusão das mulheres curandeiras do ensino médico, os médicos se distinguiam dos modos de aprendizado que aconteciam entre as cuidadoras populares. Estas últimas privilegiavam a transmissão oral dos saberes, passando especialmente pela repetição e imitação das palavras, e pela observação dos gestos terapêuticos (empíricos e simbólicos). Para afirmar sua superioridade, os médicos frequentemente comparavam esses modos de transmissão aos comportamentos instintivos dos animais. Rebaixadas à sua suposta natureza, as curandeiras agiriam como bichos que indicavam à prole, por instinto de sobrevivência, como limpar uma ferida ou qual planta macerar para se purgar.[28] Para os defensores da nova medicina, erudita e essencialmente masculina, as propagadoras das medicinas populares não sabiam por que usavam tal e tal planta; elas não entendiam nada da causa das doenças. Seus métodos de recorrer à magia-feitiçaria para cuidar, sem substituir sua prática na cosmologia global, reforçavam a ideia de que elas a utilizavam sem domínio. Entre essas ignorantes supersticiosas, não haveria a menor chance de elaborar verdadeiros saberes.

A *proximidade dos corpos*

Os médicos atacaram a qualidade dos conhecimentos terapêuticos das curandeiras. Ao final da Idade Média, e durante o Renascimento, eles se recusavam a tocar os doentes ou as parturientes, a apalpar seu corpo, a fazer curativos nas feridas, a experimentar tratamentos com remédios. A medicina erudita ignorava a empiria, pois os conceitos hipocráticos supostamente explicavam e curavam tudo. Os médicos estabeleceram seus diagnósticos ao conversar com os pacientes para inquirir sobre os elementos ambientais que poderiam ter desregulado a estabilidade de seus humores. Eles ocasionalmente aferiam a frequência cardíaca, mas preferiam manter-se distantes dos corpos e estudar as secreções: o sangue e especialmente a urina, recolhidos em frascos, eram examinados em busca de consistência, cor, odor ou mesmo sabor suscetíveis de orientar o diagnóstico. As terapias relacionadas ao princípio da depuração foram privilegiadas: as sangrias e os expurgos vomitivos ou laxativos eram regularmente receitados para eliminar os humores excessivos e evitar o amolecimento e apodrecimento internos. O preparo de remédios era terceirizado: os médicos receitavam e confiavam o trabalho de preparo aos boticários.[29]

Assim, a proximidade das curandeiras e dos doentes parece prova da incongruência de seus supostos saberes. Afinal, era no contato com as pessoas, suas dores, suas feridas, seu calor, seus choros, suas lamúrias e sua carne que elas construíam os saberes clínicos e observavam a eficácia dos tratamentos físicos e simbólicos que confeccionavam e administravam pessoalmente. Elas experimentavam com palavras, ervas e gestos: apenas os mais eficazes eram transmitidos entre gerações de curandeiras. Os outros métodos eram adaptados, inovados ou abandonados. Elas não observavam frascos de sangue ou urina. Em vez disso, aproximavam-se dos seres sofredores, o que resultava em saberes relacionais, mas também na capacidade de administrar o imprevisto e tirar lições. Esses métodos as expuseram a críticas violentas por parte dos médicos.

As parteiras, por exemplo, dominavam os efeitos concretos das plantas e os gestos indispensáveis para o trabalho com as parturientes, e possuíam um conhecimento do corpo feminino muito mais próximo da anatomia e da mecânica corporal do que dos conceitos abstratos propostos por Hipócrates. Por esses motivos, eram criticadas por exercerem um dos trabalhos mais vis e sujos, por não conhecerem a verdadeira medicina e por colocarem em perigo suas pacientes.

As curandeiras experimentavam com palavras, ervas e gestos: apenas os mais eficazes eram transmitidos entre gerações. Os outros métodos eram adaptados, inovados ou abandonados. Elas não observavam frascos de sangue ou urina. Elas se aproximavam dos seres sofredores.

Assim, do século 12 ao 15, as curandeiras foram foco de um verdadeiro empreendimento de difamação por parte dos médicos que recusavam seu acesso aos estudos médicos, desprezavam sua capacidade de aprender e transmitir conhecimentos de ordem médica e desdenhavam a própria natureza de seus conhecimentos e saberes. Eles as utilizavam como modelo negativo, e com base nisso fabricaram uma imagem positiva de si e de seus próprios saberes.

* * *

Certos médicos, porém, reconheciam a qualidade dos saberes das curandeiras, especialmente em relação à concepção e ao uso dos remédios. No século 16, quando a caça às bruxas se dissipou, o sábio Paracelso (1493--1541) afirmou que seu trabalho se baseava nas farmacopeias populares das mulheres terapeutas de origem camponesa. Sintetizando as ciências médicas e os conhecimentos populares das plantas, ele elaborou a teoria das "assinaturas", que, como vimos, se baseava no princípio de semelhança entre microcosmo e macrocosmo e nas características morfológicas e terapêuticas das ervas. Os saberes populares sobre as plantas não foram a única fonte de inspiração que o erudito creditou às curandeiras: ele retomou a iniciativa empírica e sincrética e propôs uma medicina original, que se distinguia da medicina racional ao privilegiar a observação e a prática em contraponto à teoria e que aliava saberes vindos do ocultismo, da astrologia e da alquimia.[30] As teorias de Paracelso, sendo mais ou menos estranhas, foram invalidadas pelos médicos de sua época e seus sucessores, mas alguns princípios se conservaram na medicina popular até os dias atuais, transformados pelo jogo de reapropriação e transmissão oral.

Nas origens do desempenho ilegal da medicina

A clientela dos médicos do Renascimento vivia na cidade e tinha os recursos para pagar os honorários. Era composta por burgueses, aristocratas e membros da corte, que viam no fato de recorrer a médicos um modo de marcar sua superioridade social em comparação com aqueles que deviam se "contentar" com terapeutas populares. Por mais que sejam cômicos os absurdos e os erros do pedante médico Diafoirus, em *O doente imaginário*, de Molière (1673), a proximidade dos médicos e das elites foi bem estabelecida durante o Renascimento. Ela permitiu que consolidassem a distinção que construíram entre médicos (diplomados e competentes) e charlatões, que, de acordo com seus critérios, não tinham a aptidão nem o conhecimento para tratar. Essa distinção logo foi firmada na lei: em 1707, um édito real determinou que "ninguém pode exercer a medicina, nem oferecer remédio algum, mesmo gratuitamente [...], sem ter obtido o grau de bacharel em alguma das faculdades [...]". Assim, as senhoras curandeiras se tornaram cuidadoras ilegais. Após a Revolução Francesa, se instaurou maior fluidez, com a lei Le Chapelier, que, em 1791, revogou as corporações de ensino, dentre elas as faculdades de medicina. Porém, devido às necessidades ligadas aos combates revolucionários, os médicos pediram que o ensino médico fosse restabelecido, o que apareceu nas leis ao fim do ano de 1794. A única alteração notável foi a criação do diploma de oficial de saúde, reservado aos homens para, supostamente, compensar a quantidade insuficiente de médicos.[31] A formação de terapeutas populares não foi mencionada, muito menos a ideia de aprender algo com eles...

Cirurgiões, de assistentes a superiores

Entre as mulheres curandeiras, as parteiras foram particularmente afetadas pelas acusações de bruxaria e pela difamação dos médicos. Com a proximidade do Renascimento, esbarraram também nos barbeiros-cirurgiões, que pretendiam monopolizar seu campo predileto. Desde a Idade Média, estes últimos eram encarregados de todas as pequenas operações que exigiam incisão dos corpos, devido ao costume de manejar instrumentos cortantes. Malvistos pela Igreja, que considerava sua atividade suja e bárbara, foram, ainda, desprezados pelos médicos como trabalhadores braçais sem erudição, que se prestavam a tarefas verdadeiramente degradantes. Após a renovação médica do século 12, os cirurgiões não encontraram lugar nas novas universidades de medicina. Continuaram em comunidades de ofício, em lojas abertas para a população, após treinamento como aprendizes de algum mestre, como é o caso de todo trabalho manual e artesanal. A partir do século 14, certos cirurgiões começaram a se organizar nas cidades, distinguindo-se pouco a pouco dos barbeiros e, notavelmente, estabelecendo ensino prático, com demonstração em cadáveres. Esse tipo de ensino concreto ainda estava longe de se sistematizar nas universidades de medicina... No século 17, uma série de éditos reais endossou sua separação dos barbeiros e especificou as condições para obtenção do status de cirurgião. Os aprendizes, tornando-se pouco a pouco colegas, observavam e realizavam com seus mestres as operações frequentes de sangria, tratamento de feridas expostas, incisão de abcessos, redução de fraturas e, às vezes, partos difíceis.[32]

Relegadas à posição de assistentes

Até o século 17, o auxílio e os cuidados durante o parto ainda eram de monopólio das matronas, apesar da caça às bruxas que as fragilizou. Sua presença ainda era indispensável para a população. Quando a situação se complicou, ameaçando a vida das parturientes ou dos bebês, elas em geral solicitavam o auxílio dos cirurgiões. Esses indivíduos, capazes de cortar a pele, eram os únicos homens, além do esposo, admitidos no universo feminino que se organizava ao redor dos nascimentos. Frequentemente chamados tarde demais, como último recurso das parteiras, eles tinham raro sucesso obstétrico. Isso também não os encorajou a valorizar a arte dos partos, que viam principalmente como tarefa degradante.[33] A vulva das mulheres no parto, exposta e deformada, e os fluidos corporais que manchavam o lençol e espalhavam sua impureza simbólica, os enojavam. Sua condição de assistentes subordinados às matronas, os desagradavam.

Porém, houve uma virada a seu favor a partir do século 16. Pouco a pouco, nas cidades, a dependência hierárquica entre cirurgiões e parteiras se inverteu. Estas últimas tiveram, inclusive, de se prestar a um exame moral diante dos representantes eclesiásticos de suas paróquias. Elas deviam mostrar que eram boas católicas, que dominavam o gesto do batismo emergencial, e eram obrigadas a jurar diante de Deus que nunca participariam de abortos ou infanticídios. Para as parteiras urbanas, a vigilância era mais rígida, e elas pareciam mais forçadas a respeitar tais obrigações do que aquelas que exerciam a função no meio rural. Elas aceitaram se organizar em um grupo de trabalho bem identificado que, em vez de conferir a elas certa autoridade e relativa independência em questão de arte obstétrica, facilitou, por fim, seu controle. Foram proibidas de se estabelecer como corporação autônoma e eram subordinadas à comunidade profissional dos cirurgiões. Seus antigos assistentes se tornaram seus superiores hierárquicos. Foi sobre eles que recaiu a responsabilidade de formar novas parteiras. Para os cirurgiões, a vantagem era dupla: ao ganhar status de autoridade sobre elas e a obstetrícia, encontraram também um modo de se apresentar positivamente na disputa com os médicos.[34]

A *profissionalização das parteiras*

A primeira escola de parteiras, criada em 1630 na maternidade do Hôtel-Dieu em Paris, formava pouco menos de dez matronas por ano. Concretamente, era um número ínfimo em comparação com as milhares de matronas ainda presentes no reino.[35] Simbolicamente, contudo, teve o efeito de criar duas categorias de parteiras: as parteiras formadas e juramentadas, e as matronas, designadas como incultas e negligentes. Enquanto a formação das parteiras era valorizada pelas autoridades, o reconhecimento das velhas matronas pelas mulheres das aldeias, assim como a transmissão de saberes entre gerações de parteiras, deixaram de ser costumes recomendados. A subordinação das parteiras aos cirurgiões marcou o princípio da exclusão dos saberes populares da obstetrícia e da desunião das solidariedades femininas que, até então, cercavam o nascimento.[36]

Em 1730, os estatutos e regulamentos da corporação dos cirurgiões especificaram ainda mais as condições para a obtenção do título oficial de parteira. A formação oficial era conduzida pelos próprios cirurgiões: ensinavam às mulheres a obstetrícia do modo como eles a aprenderam, ou seja, de modo erudito e frequentemente pouco prático. As matronas, por sua vez, ainda tinham saberes concretos, vindos de sua rica experiência acumulada. Ao perceber essa diferença, os cirurgiões se dedicaram a diminuir a lacuna ao realizar cada vez mais partos, invadindo cada vez mais o campo das mulheres curandeiras.

Ao mesmo tempo, eles se prestaram a desacreditar as práticas rituais e simbólicas. Na opinião deles, as matronas se mostravam ignorantes, incompetentes e perigosas, e, em pouco tempo, começou-se a justificar que mortes no parto ocorriam devido à ausência de cirurgiões nas casas humildes.[37] Na cidade, as camadas burguesas da população recorriam cada vez mais a esses homens: eles eram vistos como especialistas, tanto que desenvolveram, para o próprio uso, instrumentos — pinças, ganchos e fórceps — para acelerar o parto das mães, que passaram a parir deitadas de costas. No século 18, as áreas rurais seguiram esse movimento, e tornou-se frequente que as aldeias enviassem suas matronas para formação na cidade. Cada vez mais, preferiam enviar as mulheres jovens, escolhidas por seu ânimo vivaz, em vez das velhas mulheres-que-ajudam. Era também um investimento no futuro: a mulher mais jovem aprenderia melhor e exerceria a função por mais tempo. Ao consentir esse tipo de lógica, as populações também participaram da desestabilização da posição e do papel das velhas matronas, assim como do modelo de nascimento que elas mantinham.

Nas escolas que dirigiam, os cirurgiões parteiros delegavam, pouco a pouco, certos ensinos práticos às raras parteiras qualificadas, normalmente esposas de homens notáveis que reintegravam a prática ao ensino essencialmente teórico das parteiras. Elas se dedicaram a redigir manuais sobre a arte do parto e desenvolveram métodos novos para favorecer o aprendizado dos gestos corretos e eficazes. O método mais célebre é o de Angélique Le Boursier du Coudray, professora parteira licenciada que fabricou uma boneca de pano e moldes variados que possibilitavam visualizar as posições do bebê e treinar sua retirada, mesmo que se apresentasse mal posicionado no momento do parto. O método pareceu tão pertinente que a sra. Du Coudray foi contratada pelo rei em 1767 para difundir seu ensino por todo o reino. Ela percorreu a França para formar matronas designadas a ela pelos padres das paróquias pelas quais passava. As alunas não eram todas alfabetizadas, mas não fazia diferença: a parteira ensinava os rudimentos teóricos e concentrava a maior parte do ensino na prática. Apesar de ser uma figura de autoridade no mundo obstétrico, a sra. Du Coudray não pareceu, contudo, tentar reivindicar o reconhecimento da identidade profissional das parteiras e aceitou formar cirurgiões com seu método, para que eles também ensinassem a arte do parto às matronas das paróquias mais isoladas.[38]

Nas escolas que dirigiam, os cirurgiões parteiros delegavam, pouco a pouco, certos ensinos práticos às raras parteiras qualificadas.

Estima-se que dez mil parteiras tenham sido formadas com esse método entre 1760 e 1790,[39] sem contar aquelas que saíram de suas aldeias para estudar nas escolas urbanas. Ao se tornarem parteiras qualificadas, elas queriam ser remuneradas e viver do ofício para o qual haviam sido instruídas e oficialmente reconhecidas. Por esse motivo, algumas decidiam continuar na cidade, onde a clientela tinha mais tendência a pagar.[40] No campo, as matronas sem instrução continuaram a auxiliar as mães mais desfavorecidas em troca de doação ou serviço em permuta, mantendo, assim, a antiga solidariedade feminina.

SÉCULO 19

CURANDEIRAS ILEGÍTIMAS MAS FUNDAMENTAIS

A Revolução de 1789 abalou a França e todas as ordens estabelecidas. As organizações profissionais foram suprimidas. Os grupos de ofício médico foram desmantelados. O exercício do cuidado passou por um período anárquico. Todos que desejassem tratar, sem formação, sem diploma, sem nem mesmo terem sido iniciados por aqueles mais experientes, podiam se declarar terapeutas. Conviviam, sem distinção, médicos e freiras, *rebouteux* e cirurgiões, boticários e herbolários, parteiras e matronas.[1] Rapidamente, os médicos, cirurgiões e boticários (que começaram a ser chamados de "farmacêuticos") convenceram o Estado sobre a necessidade de uma padronização nacional médica, como aquela que fora feita em relação ao ensino.

No início do século 19, duas leis fundamentais relativas ao exercício da medicina e da farmácia foram adotadas na França. Elas organizaram o sistema de saúde, definiram a posição e o quadro profissional dos cuidadores, sancionaram o curso de formação por diplomas e permitiram o controle dos saberes e do campo de competência de cada um. Essas leis condenaram, ainda, o exercício ilegal da medicina e da farmácia e propuseram penas financeiras.

O novo sistema instaurou uma hierarquia entre cuidadores de primeiro e segundo escalão. Os médicos determinaram os oficiais de saúde (apenas homens) e as parteiras, enquanto os farmacêuticos de primeiro escalão gerenciavam a extensão das atividades dos farmacêuticos regionais e dos herbolários. As pessoas suspeitas de exercício ilegal estavam entre os profissionais de segundo escalão. Os médicos e farmacêuticos desconfiavam de que elas ultrapassassem os limites de sua missão. As parteiras e herbolárias regularmente despertavam suspeita.

É impressionante que essas leis não tenham levado a uma repressão sistemática àqueles e àquelas que cuidavam ou forneciam ervas medicinais sem habilitação. Medidas excepcionais autorizaram especificamente as freiras e as voluntárias beneficentes a auxiliar os mais pobres. Essas cuidadoras, que graciosamente socorriam a população, infringiam sem hesitar os limites dos domínios masculinos da medicina e da farmácia.

Curandeiros e curandeiras ("avós", matronas) do campo continuaram a ser muito solicitados pelo povo, pois tinham maior proximidade geográfica, cultural e social. Parecia tão natural recorrer a seus cuidados que os curandeiros e curandeiras raramente eram incomodados pela polícia ou pelo governo.[2] Outras mulheres também ofereciam tratamentos à margem da lei de 1803 sem grandes preocupações: eram médiuns, sonâmbulas ou magnetizadoras que transmitiam mensagens aos consulentes. Elas exerciam suas funções em meios abastados e circulavam entre pessoas poderosas, o que as protegia das acusações de charlatanismo.[3]

Parteiras e herbolárias sob vigilância

A lei de 10 de março de 1803 reuniu médicos e cirurgiões em um mesmo ofício formal. Criou também o status de oficial de saúde, cuja formação era acessível aos homens que não tivessem diploma de bacharelado nem falassem latim, mas tivessem servido nos campos de batalha na Revolução Francesa.[4]

A lei também enquadrou o título de parteira, dividido entre profissionais de primeira e segunda classe, todas subordinadas à autoridade de médicos e cirurgiões parteiros.[5] Oficiais de saúde e parteiras de segunda classe não podiam exercer fora do departamento onde foram reconhecidos, diferente das classes superiores, que tinham o direito de atravessar a França.

A lei de 11 de abril de 1803 regulamentou o exercício da farmácia, dividindo, também nesse caso, o trabalho em dois títulos hierárquicos; assim, alguns podiam trabalhar nacionalmente, e outros, regionalmente. Essa lei deu origem ao certificado de herbolário, cuja prova era aberta a homens e mulheres e autorizava a venda de plantas medicinais.[6]

Profissionais de segunda classe

Essa organização administrativa da saúde pública designou os profissionais de saúde oficiais e os outros. A divisão entre profissionais de primeira e segunda classe servia, teoricamente, para compensar a falta de profissionais em determinadas regiões. Na realidade, ela criou julgamentos de valor entre os cuidadores da cidade e do campo, aqueles vindos dos meios urbanos e elitistas e os provincianos de origem humilde. No universo médico que se estabeleceu assim, as mulheres foram excluídas das formações em medicina ou farmácia, reservadas aos homens, pois ainda se acreditava que não eram aptas ao aprendizado e exercício desses serviços.

Aquelas que desejavam oferecer tratamento conforme os limites da lei deveriam se contentar com os ofícios autorizados: parteiras ou herbolárias.

As parteiras diplomadas trabalhavam nas maternidades ou por conta própria. Nos consultórios urbanos, tentavam sobreviver à concorrência dos médicos parteiros, ou preferiam voltar ao campo. Lá, as parturientes tinham dificuldade de pagar por um auxílio que, até então, era baseado na solidariedade feminina.[7]

Nas cidades, as mulheres desenvolveram legalmente a venda de plantas medicinais. A herbolária era a herdeira da mulher-dos-remédios. Essa atividade trouxe renda complementar à família e permitiu o exercício em casa ou em uma loja familiar. Às vezes, essas mulheres também tinham outras atividades paralelas, como merceeiras, amas de leite ou parteiras, o que transformou as lojas em um verdadeiro espaço vital. Em meados do século 19, o herbalismo tornou-se um "trabalho feminino".[8]

As mulheres foram excluídas das formações em medicina ou farmácia, pois ainda se acreditava que não eram aptas ao exercício desses serviços.

O *campo das competências oficiais*

Com o novo quadro jurídico, a faculdade de medicina dirigiu o ensino das parteiras. Elas aprenderam anatomia e os novos conceitos de assepsia e antissepsia, decisivos para a luta contra a mortalidade materna e neonatal. A formação das parteiras se tornou cada vez mais longa e árdua. Tratava de partos, mas também de ginecologia e puericultura. Contudo, nesses campos antigamente reservados às curandeiras, as práticas mágico-religiosas, indispensáveis para a eficácia dos cuidados das matronas, passaram a ser proscritas.[9]

Ao controlar o conteúdo dos estudos das parteiras, os médicos e cirurgiões parteiros delimitaram seus campos de competência e asseguraram os seus próprios. A atividade das parteiras, conforme prevista pela lei, deveria se limitar aos partos sem complicação. As estudantes aprenderam a reconhecer os sinais de partos difíceis apenas para saber quando solicitar um médico-cirurgião. Elas só tinham o direito de usar o fórceps na presença dos médicos e continuavam proibidas de utilizar instrumentos cortantes. Para elas, nada de bisturi, nem de cesariana. Durante todo o século 19, os limites do exercício das parteiras diplomadas foram constantemente discutidos no meio médico.

Uma questão era retomada com frequência: podemos deixá-las usar a cravagem? Esse fungo parasita do centeio, responsável pela doença chamada ergotismo, já era utilizado pelas matronas medievais, em doses que aceleravam o parto. Porém, quando a medicina se tornou cada vez mais planejada e científica, a cravagem, ao mesmo tempo remédio e veneno, deveria continuar nas mãos dessas terapeutas de segunda classe, que não eram médicas nem farmacêuticas? Elas saberiam realmente avaliar a utilidade do produto, assim como sua dose, em qualquer situação? A questão refletia o esforço das elites médicas em conter a extensão dos saberes das parteiras, assim como a tendência a desconsiderar essas mulheres e sua profissão.[10]

Enquanto a gestão da formação das parteiras foi um método para os médicos-cirurgiões restringirem e controlarem a extensão de suas atividades, a situação de herbolários e farmacêuticos era diferente. A criação de seu certificado foi fruto de desculpas: no fim do século 18 em Paris, herbolários se formavam em botânica moderna e no uso farmacêutico das plantas no jardim botânico. Esses herbolários formados pretendiam que suas competências fossem valorizadas em relação àqueles que fizessem o mesmo trabalho sem tal esforço. Os boticários, auxiliares dos médicos, conservavam, preparavam e vendiam as receitas médicas; eles não viam com bons olhos que os herbolários, até então vendedores de plantas utilizadas para automedicação popular, se tornassem seus concorrentes diretos. A faculdade de medicina não tolerou que os boticários tivessem tamanha ingerência e insistiu que o certificado de herbolário fosse criado pela lei. Apesar de fundamental para o herbalismo, o artigo da lei era curto e repleto de aspectos confusos: o certificado não permitia a obtenção de um título de herbolário nem previa como deveria ser a formação da profissão. Era o contrário dos numerosos artigos da mesma lei a respeito especificamente da farmácia, que descreviam muito claramente a duração e as condições dos estudos, os tipos de prova e o quadro de exercício do título de farmacêutico. Para o herbalismo, a lei e seus textos de aplicação englobavam principalmente a prova de certificação, que consistia no reconhecimento de cinquenta plantas secas e frescas diante de um júri composto por farmacêuticos, seus principais concorrentes! A estratégia escolhida pelos farmacêuticos foi a de não propor cursos dedicados aos herbolários, especialmente relativos à botânica e às terapias, para, assim, garantir um verdadeiro monopólio.[11]

Práticas suspeitas

As duas leis de 1803 também marcaram uma etapa importante na história médica ao proibir legalmente o exercício da medicina, da cirurgia e do parto, assim como a distribuição de preparos médicos, sem formação nem título.[12] Porém, os primeiros a serem afetados por essa medida foram profissionais diplomados, mas criticados por ultrapassar o limite de suas áreas, como os oficiais de saúde, os herbolários e as parteiras.

As parteiras, que adquiriram seus saberes com as matronas camponesas antes de serem enviadas para as escolas de sua região, onde faziam seus estudos controlados, tinham conhecimento das plantas que curavam, dos gestos que aliviavam e dos ritos que deveriam ser realizados. Após a formação, nem todas abandonaram esses métodos. Essas parteiras rurais eram suspeitas, às vezes até acusadas, de exercer a medicina ou a farmácia quando, por exemplo, ao visitar uma mãe em domicílio, determinavam o diagnóstico da criança com febre e ofereciam um preparo de ervas confeccionado por elas próprias. Essas práticas habituais das curandeiras se tornaram ilegais, pois eram reservadas aos médicos e farmacêuticos. Na verdade, elas foram mais acusadas pelos médicos do que pela população, e o governo raramente as julgava por esses casos surgidos dos cuidados domésticos sempre ancorados nos hábitos populares.[13] Além de ser impossível vigiar todas as parteiras, elas eram indispensáveis para a saúde das famílias mais humildes e daquelas que viviam em regiões abandonadas pelos médicos. O "deslize" das parteiras nas atividades que não lhes eram mais autorizadas era tolerado também porque sua polivalência era uma vantagem para a difusão da medicina moderna, especialmente no campo: elas eram próximas do povo e tinham influência para difundir a nova cultura médico-científica, justamente por terem os códigos e conhecimentos das medicinas populares.[14] Por manterem relações privilegiadas com as mães de família, elas transmitiam, por intermédio delas, mensagens de saúde, a aceitação das vacinas, os modos de ver e fazer do mundo médico, enquanto compensavam a raridade dos médicos e a pouca confiança que inspiravam. Mais uma vez em sua história, as curandeiras eram ao mesmo tempo usadas e desprezadas pelos poderes estabelecidos.

As duas leis de 1803 também marcaram uma etapa importante na história médica ao proibir legalmente o exercício da medicina, da cirurgia e do parto.

As herbolárias, mesmo certificadas, eram suspeitas ou acusadas de exercício ilegal de farmácia e medicina. Como os contornos da lei eram maleáveis, elas a praticavam — como sempre — com pragmatismo, de acordo com as próprias concepções, os saberes de que dispunham e as demandas da clientela. Na cidade, eram essenciais; em muitos casos, solicitadas como primeiro recurso, frequentemente pelas mães de família, que recorriam a médicos apenas em último caso. Os valores cobrados eram acessíveis e os conselhos, frequentemente gratuitos. Porém, não era só esse o motivo de sua popularidade. As clientes expunham para elas problemas que não ousariam, por pudor, revelar a um "doutor". A atmosfera da loja tinha algo familiar; esses espaços de convívio em nada tinham a ver com os consultórios burgueses e intimidantes dos boticários. Repletos de guirlandas de plantas, vasos e utensílios, lembravam a cozinha das famílias modestas. Podiam-se comprar ali alguns temperos para o jantar, sabão para a casa ou linha de costura. Os relatos de males e conselhos de saúde eram compartilhados na intimidade feminina, com tom de confidência. As receitas dos remédios eram explicadas como as receitas de cozinha: punhados de sálvia a ferver, ou pitadas de grãos de coentro a pulverizar no pilão. Com base no conselho das herbolárias, alguns pratos se tornavam terapêuticos ao se acrescentar determinado condimento, tempero ou legume cuja virtude se desejava atrair. Elas perpetuavam a ideia de que a medicina e a cozinha são parentes, enquanto a farmácia tendia a construir uma diferença entre o alimento e o medicamento, e a botânica não se interessava pelas virtudes medicinais das plantas das hortas. Ao abrir o próprio espaço doméstico à clientela, ou ao organizar a loja como um espaço íntimo, elas propunham um local que servia como extensão do lar, onde as mulheres eram tradicionalmente reconhecidas por seu papel cuidador. Com isso, também tornaram públicas essas atividades frequentemente invisíveis, por serem supostamente naturais das mulheres e confinadas ao espaço particular. Porém, elas se expuseram também a acusações: considerando as leis de 1813, elas teriam mesmo o direito de dar conselhos de saúde? De opinar sobre sintomas? De vender uma mistura de ervas que acreditavam que aliviaria o doente? Não era perigoso fazer isso? Elas não se dedicavam a uma medicina anárquica? Os médicos e farmacêuticos as denunciaram com severidade cada vez maior ao longo do século 19.[15]

Na ausência de formação científica oficial, o saber das herbolárias era facilmente criticável do ponto de vista dos médicos e farmacêuticos. As farmacopeias domésticas fundaram a base dos saberes dos herbolários. Porém, estes últimos, fossem homens ou mulheres, tendiam a buscar mais formação e pediam instrução de outros herbolários mais experientes, ou até de farmacêuticos, em contrapartida de remuneração, por meio de aprendizagens que ainda lembravam, mesmo que com dificuldade, as transmissões orais e gestuais antes dominantes. Os manuais de vulgarização de ciências botânicas e médicas também constituíram uma fonte importante de conhecimento para esses terapeutas.[16] A partir do século 18, livros de botânica simplificada, como *Le Botaniste françois, comprenant toutes les plantes communes et usuelles*, de Jacques Barbeu du Bourg (1767), ou *Les Fleurs animées*, de Grandville e Delord (1847), foram recebidos com considerável sucesso, inicialmente no meio feminino da elite. Eles se distinguiam dos tratados científicos, que não sabiam se dirigir às mulheres, pela retórica mais leve, na forma de conversas galantes nas quais as mulheres eram comparadas a flores. Encontravam-se ali também algumas descrições naturalistas das plantas, explicações quanto a sua classificação no reino vegetal, alguns nomes em latim com referência secreta a Lineu (pai da botânica científica), em meio a receitas de remédios ou de beleza, anedotas seletas e simbolismos florais costumeiros das mulheres.[17] Esse tipo de obra se multiplicou e democratizou ao longo do século 19 sob a forma mais concisa de livros práticos, destinados menos à diversão das damas e mais à medicina familiar.

A *difusão da botânica por obras generalistas*
Esses manuais foram, de início, escritos por botânicos, farmacêuticos ou médicos. A escrita pública sobre matérias médicas foi, a princípio, uma ferramenta de conhecimento reservada aos homens. As mulheres, enquanto isso, organizavam suas receitas terapêuticas de modo mais informal, no máximo em caderninhos que passariam às filhas, mas, mais comumente, em folhas soltas encontradas entre os objetos domésticos, apenas com função de lembretes efêmeros.[18] Foi preciso esperar meados do século 19 para que, seguindo os herbolários, as mulheres desse ofício fossem autorizadas a produzir textos destinados ao público mais amplo e encontrassem apoio para a publicação.

Foi preciso esperar meados do século 19 para que, seguindo os herbolários, as mulheres desse ofício fossem autorizadas a produzir textos destinados ao público mais amplo e encontrassem apoio para a publicação.

Os sintomas das doenças, os gestos curativos e as receitas de remédios encontraram, por fim, lugar nos almanaques: revistas populares vendidas por caixeiros-viajantes. Muito acessíveis, eles constituíam um repertório terapêutico importante para herbolários, pois continham descrições de plantas acompanhadas de uso médico e propagandas de novas pomadas milagrosas, entre os horóscopos e a previsão meteorológica. Encontravam-se ali, ainda, rastros da medicina das assinaturas ou do uso simbólico das plantas no momento das festas religiosas.[19] Ora, no meio científico, os vínculos que conectavam o homem, a natureza e o cosmo não tinham mais espaço. A botânica científica se caracterizava pela vontade de catalogar a diversidade das plantas e dominar sua fisiologia. A farmácia se voltava cada vez mais para a identificação dos princípios físico-químicos terapêuticos contidos nas plantas. No rastro do pensamento iluminista, os cientistas, dedicados a fazer a razão triunfar sobre a crença, substituíam uma concepção holística da vida por uma visão de mundo que distinguia natureza e cultura.[20] Oficialmente afastadas da cultura médica, as herbolárias se apropriaram dela parcialmente por meio das obras disponíveis, enquanto continuaram a se apoiar em concepções e terapias vindas das medicinas populares.

A caça às abortistas

O exercício ilegal da medicina e da farmácia não foi o único motivo de acusação contra as parteiras e herbolárias. Em 1810, o Código

Napoleônico proibiu os abortos e determinou pena para as abortistas. A Igreja já reprovava esses atos drásticos cometidos contra Deus e, a partir do século 19, o aborto tornou-se um crime contra o Estado, que conduzia uma política natalista e pretendia controlar melhor a fecundidade das mulheres no território nacional. Ao lado dos oficiais de saúde, dos curandeiros e até de médicos, os herbolários e as parteiras apareceram no banco dos réus acusados de aborto quando tragédias aconteciam.[21]

Na posição de mulheres-que-ajudam e mulheres-dos-remédios, elas evidentemente iam ao socorro das mulheres que se preocupavam com o atraso da menstruação. As herbolárias tinham a reputação de ajudar a adquirir plantas abortivas, como a artemísia, e de ensinar as doses eficazes. As parteiras, às vezes também herbolárias, se apresentavam como as especialistas médicas do corpo feminino. As pacientes imaginavam correr menos risco de morrer durante um aborto se acompanhadas das parteiras. No século 19, os objetos que serviam para essa prática, limitada à clandestinidade, mostravam a marca deixada pelas parteiras e seus conhecimentos: na cidade, pouco a pouco substituíram as agulhas de tricô e os talos de salsinha por cânulas e seringas, emblemáticas entre os instrumentos das parteiras diplomadas.[22]

As herbolárias tinham a reputação de ajudar a adquirir plantas abortivas, como a artemísia, e de ensinar as doses eficazes.

As práticas das parteiras e das herbolárias esbarravam com frequência nos limites da legalidade. O enquadramento das parteiras se tornou mais estreito, na direção de uma formação cada vez mais medicalizada e uma atividade cada vez mais exercida no contexto das maternidades, a partir do século 20. Quanto às herbolárias, elas aproveitaram certa autonomia, protegidas por sindicatos e formadas em escolas particulares, até uma lei decretada no dia 11 de setembro de 1941 interromper o certificado e, por consequência, a possibilidade de exercer o ofício.

As freiras, convocadas ao papel de cuidadoras

As leis de 1803 delimitaram os monopólios médicos e farmacêuticos, mas a quantidade de médicos e farmacêuticos não era suficiente para dar conta das necessidades de toda a população. Esses profissionais normalmente prefeririam atender nos centros urbanos, ao lado dos doentes ricos, em vez de nos hospitais, nos bairros pobres e nas áreas rurais, onde a carreira era muito menos garantida. Para compensar as lacunas do sistema de saúde ainda em construção, as freiras foram oficialmente convocadas, por uma instrução da Escola de Medicina de Paris em 1802 e duas circulares ministeriais em 1805 e 1806, a oferecer auxílio aos médicos nos hospícios, hospitais, asilos, refúgios, orfanatos e dispensários.[23]

As Filhas da Caridade, perturbação necessária

A ideia de convocar as mulheres consagradas para cuidar dos mais desfavorecidos não era recente. Desde o princípio da Idade Média, as freiras estavam entre as cuidadoras recorrentes dos pobres e indigentes nas enfermarias monásticas. As beguinas, semirreligiosas, também serviram, em sua época, ao cuidado dos doentes nos asilos e hospitais. O papel das beatas no cuidado das populações, raramente destacado, ocorria, contudo, havia séculos. Até o século 19, em certas cidades, as freiras hospitalares viviam em conventos situados nos hospitais onde trabalhavam durante o dia.[24]

No princípio do século 17, o envolvimento das freiras e beatas inspirou o padre Vicente de Paulo a criar uma organização de caridade, as Damas da Caridade, reunindo mulheres nobres e burguesas para auxiliar as populações necessitadas. Pouco depois, em 1633, ele criou a congregação das Filhas da Caridade, primeira congregação feminina que não impôs às irmãs o claustro, possibilitando a vida apostólica, dedicada ao serviço dos doentes nos bairros pobres das cidades e nos recantos rurais isolados. As damas e as irmãs caridosas se tornaram cuidadoras de referência nesses territórios e das populações marginais. Elas tratavam os doentes como trabalhadoras das santas casas, dos hospitais e dos asilos. Esses lugares eram, principalmente, locais de isolamento dos doentes, que, deitados em colchão de palha, esperavam mais a morte do que a cura. Porém, por não fazerem voto de clausura, elas também conduziam atividades de cuidado fora dessas instituições, em domicílio, e até na rua, entre os andarilhos. Essas mulheres organizavam, em instituições de cuidado, no campo ou nos bairros urbanos, uma verdadeira gestão da saúde dos pobres, esgotados pelo trabalho, infestados por verminoses e afetados pelas epidemias. Elas estabeleceram a base da medicina social.[25]

Elas preparavam remédios com ingredientes acessíveis, plantas nativas e pouco custosas. Conheciam essas ervas pela farmacopeia popular e graças ao auxílio que prestavam aos médicos nos hospitais. Obras de vulgarização médica completavam seu aprendizado e pareciam ter sido especialmente publicadas para elas, como *La Médecine et la Chirurgie des pauvres*, de Nicolas Alexandre (1714), e *Manuel des dames de Charité*, de François Salerne (1747).[26] Essas curandeiras ganharam tamanha influência que conseguiram escrever e publicar suas próprias obras, mesmo que restritas a falar apenas da "submedicina" dirigida aos pobres. Ainda assim, era a oportunidade de mostrar seus saberes advindos da medicina popular e da literatura erudita a que tinham acesso. Elas publicavam seus herbários e o fruto de suas experiências à cabeceira dos doentes. Um dos textos mais emblemáticos é *Les Remèdes* (1675), da benfeitora sra. Fouquet, um livro de receitas terapêuticas de sucesso, resultante de seu longo trabalho com os doentes pobres, em Paris, ao lado das Damas da Caridade.[27]

As Filhas da Caridade organizavam, em instituições de cuidado, no campo ou nos bairros urbanos, uma verdadeira gestão da saúde dos pobres, esgotados pelo trabalho, infestados por verminoses e afetados pelas epidemias. Elas estabeleceram a base da medicina social.

No final do século 18, a Revolução Francesa pretendia laicizar os hospitais, o que os médicos viam com bons olhos, preferindo valorizar a razão em detrimento das crenças dominantes. Porém, ainda existia a necessidade de mão de obra hospitalar, além da competência para administrar a saúde dos mais pobres. As freiras, especialmente as Filhas da Caridade, apareceram como as pessoas mais indicadas (e menos custosas) para cumprir essas tarefas. Apoiadas pelos três textos oficiais de 1802 e 1805 que encorajavam sua presença ao lado dos médicos e fortalecidas pela experiência de anos nos hospitais, as mulheres consagradas se estabeleceram como mestres da organização dos estabelecimentos de saúde, onde às vezes até mesmo administravam os funcionários. Conservando ainda o papel de assistentes de médicos e de enfermeiras, elas continuaram a exercer suas atividades com os mais desfavorecidos, em contexto urbano e rural. Elas logo adquiriram mais poder do que os próprios médicos.[28]

As "cornetas", como eram apelidadas devido à grande touca branca de pontas erguidas que compunha seu hábito, realizavam sangrias, receitavam expurgos, impunham dietas, limpavam feridas, faziam curativos, davam conselhos, encaminhavam os pacientes para o médico adequado e produziam remédios. Sua posição social as protegia das acusações de exercício ilegal da medicina.

Quando iam aos domicílios dos doentes, elas os ajudavam a economizar em consulta médica: interpretavam os sintomas e preparavam infusões e cataplasmas. Os médicos e farmacêuticos não gostavam da concorrência. Consideravam que essas mulheres, que tratavam sem formação tradicional, eram perigosas por sua ignorância, negligência e crenças "obscuras", que orientavam seus modos de enxergar as doenças e os tratamentos.[29]

É verdade que elas se dedicavam para que os valores morais do cristianismo fossem respeitados nas instituições de saúde, tanto entre os médicos, que deveriam cuidar de suas roupas e seu comportamento, quanto entre os pacientes, que encorajavam a reatar a fé para encontrar o caminho da cura. Elas podiam até mesmo se recusar a tratar mães solo, trabalhadoras do sexo ou mulheres portadoras de infecções sexualmente transmissíveis, todas consideradas vítimas de seus pecados.

A grande popularidade das freiras se devia também ao fato de apresentarem uma explicação da doença que não se encontrava apenas na ordem da razão médica: elas eram intermediárias de proximidade para enxergar o mal à luz da religião e da espiritualidade. Escutavam o que os doentes tinham a dizer e tentavam compreender por que o divino perturbava a vida deles de tal modo. Que quebra de tabu ou falha espiritual provocara o problema? Os sinais físicos que marcavam o corpo dos doentes, ou a dimensão epidêmica das doenças, poderiam oferecer indícios. É certo que as lesões e o desgaste do corpo deviam-se em muito à arduidade do trabalho, tanto no campo quanto na indústria, que estava em pleno desenvolvimento.

Porém, entre as freiras, a questão era identificar a causa do mal por meio dos critérios próprios de uma medicina tingida de catolicismo. A questão, mais especificamente, era distinguir entre os males: aqueles que surgiam de doenças-castigo, aqueles que vinham para testar a fé, aqueles que ofereciam a possibilidade de expiar os pecados e ainda aqueles que pareciam ter origem diabólica e feiticeira.[30]

Diante dos doentes que tratavam e das famílias que os visitavam, as freiras enfermeiras não apenas ofereciam os primeiros cuidados como também ensinavam gestos médicos simples e úteis para o lar. Ocupavam, portanto, uma posição de privilégio, acima dos padres paroquiais, entre as esposas e mães. Elas se dispunham a ouvir suas confissões e seus medos do futuro. Ensinavam a essas cuidadoras domésticas as preces milagrosas aos santos milagreiros e preces que afastassem o mal. Elas as encaminhavam para bons padres exorcistas. Louvavam as vantagens das romarias para tratar males que não tinham remédio, como de crianças com deficiências ou transtornos mentais. A medicina das cornetas era uma medicina feminina na qual coexistiam a ciência dos médicos, ainda que vulgarizada, e a fé cristã. Essa medicina se integrou com sucesso ao cotidiano daqueles que, no campo ou nos bairros pobres, aderiam a uma visão de mundo em que o sagrado e suas influências tinham posição muito mais importante quando as condições de vida eram duras e a doença os ameaçava.

A grande popularidade das freiras também se devia ao fato de apresentarem uma explicação da doença que não se encontrava apenas na ordem da razão médica: elas eram intermediárias de proximidade para enxergar o mal à luz da religião e da espiritualidade.

No final do século 19, os processos dos médicos contra as freiras se multiplicaram, mas elas eram tão populares que os resultados foram raros. Até a lei de 1892, que transformou o exercício ilegal da medicina e da farmácia de simples infração a delito penal, foram previstas exceções para o caso de emergência vital, com base nas quais as freiras justificavam suas ações. A medicina delas não era tão impossível de conciliar com a dos médicos: seus conhecimentos da matéria eram menos profundos e menos extensos, sem dúvida, mas elas também entendiam de assepsia e antissepsia. Tinham também posição privilegiada para difundir os princípios da higiene, em plena revolução pasteuriana.

A promoção de banhos e da limpeza das casas se acrescentou à luta contra piolhos, pulgas e micróbios. Enquanto se desconfiava de que as freiras impediam a medicalização das populações e do território nacional, elas tiveram um papel ao mesmo tempo invisível e determinante para a aceitação dos médicos nas famílias mais reticentes: graças a elas, eles logo passaram a ser acolhidos com o respeito outorgado aos padres.[31] Porém, quando se anunciava a morte, eram elas que acompanhavam espiritualmente as pessoas agonizantes, quando os médicos, sem recurso e habilidade para esse tipo de cuidado, as deixavam tomar o lugar ao lado dos pacientes.

A *preferência por enfermeiras laicas*

Ao final do século 19 entrou em jogo a laicização dos hospitais: a nova República da França pretendia recuperar esse baluarte que ficara sob controle da Igreja. Os médicos militavam para que os funcionários e os locais hospitalares se tornassem laicos e para que a organização dos serviços fosse posta sob sua autoridade.[32] Eles insistiam na necessidade de funcionários versados nas últimas novidades médicas, especialmente sob influência dos trabalhos sobre microbiologia de Louis Pasteur e daqueles sobre anatomia e fisiologia do médico Claude Bernard. No dia 15 de julho de 1893, o Estado francês promulgou uma lei que instituiu o auxílio médico gratuito para os necessitados: essa parcela da população, que consultava poucos médicos devido ao preço, finalmente não teve mais tal impedimento. Prevendo um influxo de pacientes nos serviços médicos, a lei também encorajou o estabelecimento de escolas para formar enfermeiras laicas, um modo de profissionalizar suas práticas e de expulsar as freiras.[33] Criaram-se, assim, várias escolas, particularmente por estímulo do médico Désiré-Magloire Bourneville.

A médica Anna Hamilton defendeu, em 1900, sua tese sobre a importância da enfermagem: no preparo para dirigir a escola de enfermeiras de Bordeaux, insistiu na inspiração fértil provocada pela obra de Florence Nightingale (1820-1910). A aristocrata inglesa era apelidada de "dama da lâmpada": ela visitava metodicamente, até depois do anoitecer, os doentes e feridos sob seus cuidados quando tratava dos soldados em campo durante a guerra da Crimeia. Essa experiência a levou a definir o papel das enfermeiras — em inglês, *nurses* — ao redor do trabalho de *"nursing"*, palavra referente a "cuidar". Ela imaginou sua formação em "hospitais-escola" onde aprenderiam teoria e prática, diretamente à cabeceira dos leitos dos doentes. O "sistema Nightingale" é adotado em várias instituições francesas.[34]

A enfermeira Léonie Chaptal, responsável pela escola da Salpêtrière de Paris a partir de 1907, também lutou pelo reconhecimento da especificidade da enfermagem em comparação com o cuidado médico: sob sua tutela, as enfermeiras se distinguiram dos médicos por sua competência em cuidados técnicos e na escuta e no aconselhamento dos doentes.[35] As "enfermeiras hospitalares" foram especialmente ativas nesses campos. A partir dos anos 1920, as "enfermeiras visitantes" exerciam seu trabalho em domicílio, onde insistiam na segunda dimensão que tornou a enfermagem uma arte particular do cuidado: a educação e a prevenção em saúde, em um período marcado pela tuberculose e pela mortalidade infantil.[36] Assim, de muitos modos, elas assumiram o papel das freiras, exceto pelo acompanhamento espiritual.

Ao longo das décadas, elas defenderam a necessidade de uma formação particular, cada vez mais longa e fundamentada. Estabeleceu-se um diploma técnico (1922) e, depois, um diploma estadual de enfermagem (1938). As duas guerras mundiais foram ocasiões para reafirmar a importância dessa profissão em construção. Porém, diferente das religiosas, que encarnavam, mesmo sem reivindicação, uma forma de poder de oposição aos médicos, as enfermeiras laicas rapidamente se tornaram subordinadas deles (como também aconteceu com as parteiras). Elas eram, acima de tudo, assistentes, que não podiam utilizar todo o seu conhecimento, mas, ao mesmo tempo, se tornaram indispensáveis à medicalização da sociedade. Elas foram rebaixadas ao nível de servidoras dos médicos. Ao longo dos séculos 20 e 21, elas não pararam de reivindicar uma identidade profissional própria e uma posição de colaboradoras em relação a esse cuidador superior.

As enfermeiras tiveram que esperar o ano de 2006 para a criação de sua Ordem Nacional na França e o de 2009 para que sua formação atingisse, como a dos médicos, o nível universitário.[37]

Curandeiras protegidas pela popularidade

A proibição de exercer medicina e farmácia, como aparecia nas leis de 1803, não visou apenas os profissionais de saúde de segunda classe, nem somente as freiras hospitalares ou as Filhas da Caridade. No campo, envolveu um leque muito amplo de terapeutas empíricos, que serviam na função de "curandeiros", "*rebouteux*", "*panseurs de maux*", "encantadores", "feiticeiros", "matronas" ou "sonâmbulos". Entretanto, essas pessoas não se preocupavam muito com as instâncias policiais e jurídicas, pois eram úteis demais para a manutenção da vida e da mão de obra das comunidades rurais. Os médicos ainda eram vistos como burgueses arrogantes da cidade, que não entendiam nada da vida camponesa, em que as pessoas, os bichos e as colheitas se submetiam às mesmas leis naturais.

Além disso, o preço do cuidado médico nem sempre correspondia a sua eficiência. Os médicos não eram mestres da dor, e a anestesia ainda estava em estágios iniciais. Eles demoraram a reconhecer a existência dos micróbios e a importância da antissepsia e da assepsia antes de tornarem-se seus maiores defensores. Suas descobertas em questão de anatomoclínica (abordagem que busca relacionar cada doença à insuficiência de algum órgão específico) ainda estavam começando. Os alienistas tentavam entender as doenças nervosas e os transtornos mentais, sem resultados concretos. Os médicos não podiam alegar cuidar muito melhor do que os curandeiros e as curandeiras. Já havia muito tempo estes últimos aliviavam, com toques e palavras, as dores e fraturas do corpo, as febres e as doenças, as perdas de consciência e as crises de loucura. Seus estilos de vida e prática, ancorados no empirismo e tingidos de magia religiosa, ecoavam com seus conhecimentos e com as crenças comuns.

Os médicos tentaram lutar ativamente contra essa concorrência, que viam como desleal, fraudulenta e perigosa. A lei de 1892 se tornaria mais severa com os terapeutas camponeses: seus remédios e manipulações corporais, passando pelas conjurações, seriam listados a fim de facilitar seu combate. Por enquanto, porém, os curandeiros e as curandeiras eram parte normal da vida coletiva, protegidos por sua popularidade.[38]

A reputação das curandeiras foi até mesmo restaurada em certos ambientes intelectuais. Após vários séculos de negação e opressão, elas apareceram, sob a pena dos pensadores e escritores românticos, como pilares da vida e da medicina camponesas.

O historiador Jules Michelet é ainda conhecido pelo ensaio político *A feiticeira* (1862). No texto, ele denunciou a perseguição das mulheres durante as "grandes caças", que, segundo ele, mostraram menos o satanismo das supostas possuídas e mais a loucura da Igreja, disposta a tamanho massacre para assegurar sua autoridade e seu antifeminismo. Com Michelet, as bruxas se tornaram criaturas fabulosas, mulheres que saberiam expressar o que escondia a natureza humana primitiva, enquanto os homens se perderam na razão. Elas não eram os seres vis e impuros designados pela Igreja, mas a encarnação das forças da vida. Eram mulheres, mães, donas de casa, amas de leite e curandeiras, por natureza e necessidade! Com *A feiticeira*, Michelet criou um estereótipo feminino positivo, da mulher que cuida porque tem "aptidão" e que resiste, como pode, à opressão dos homens, maridos, pais, médicos e clérigos.

Apesar de se desfazer, com justiça, do horrível retrato das mulheres pintado pela época da caça às bruxas, Michelet não questionou sua associação à natureza. Mesmo que não fosse sua intenção, sua visão ainda não era a das mulheres como iguais aos homens, que, por sua vez, continuaram os únicos mestres reconhecidos da cultura e do intelecto, por mais que isso os pervertesse.

Com *A feiticeira*, Michelet criou um estereótipo feminino positivo, da mulher que cuida porque tem "aptidão" e que resiste, como pode, à opressão dos homens, maridos, pais, médicos e clérigos.

Essas considerações, contudo, pertenciam mais aos meios universitários e literários do que à vida camponesa. No campo, as curandeiras não conheciam o conceito e não se viam como feministas. Essas reflexões talvez não fizessem nem mesmo sentido para elas, que continuaram a cuidar, de geração em geração, aparentemente respeitando o modelo esperado delas, mostrando submissão, docilidade e discrição. O patriarcado é a pedra basilar da vida social e familiar rural, que elas não arriscariam realmente questionar.

Elas também não se viam como personificações da Mãe Natureza; sempre afastadas das teorias sobre natureza e cultura, elas tratavam de modo empírico. Suas práticas eram antigas. Como os homens e mulheres com quem conviviam e de quem cuidavam, elas se sentiam pertencentes ao mesmo mundo dos animais, dos vegetais e dos astros. A diferença proposta entre natureza e cultura era a reflexão dos cientistas e filósofos: os primeiros, tentando dominar a natureza, e os segundos, tentando glorificá-la, mas os dois se posicionando como observadores externos. No mundo camponês ao qual as curandeiras pertenciam, essa separação não fazia sentido, pois o povo vivia com a natureza e em meio a ela. O povo era parte da natureza.

Saberes e práticas das "avós"

No século 19, as atividades das curandeiras se delinearam, como nos séculos anteriores, de acordo com a divisão tradicional do trabalho entre homens e mulheres no contexto rural. Ser terapeuta nunca foi uma atividade plena, mas um conhecimento para o caso de necessidade. Os homens curandeiros ocupavam também os ofícios comuns de artesão, comerciante e agricultor na vida camponesa. Eles cuidavam daqueles que exauriam o corpo no trabalho.

Os *"rebouteux"* ou *"rhabilleurs"*, especialistas em traumatologia popular, manipulavam os membros para encaixar ossos fraturados ou aliviar as entorses dos camponeses e operários. Era uma prática que exigia, além da experiência, uma força física considerável. Isso também se aplicava ao cuidado dentário, que poderia ser praticado sem diploma nem formação. Arrancar um dente com alicate exigia punho firme, qualidade considerada masculina. Frequentemente, era o ferreiro quem se responsabilizava pela tarefa, pois sabia manejar as tenazes e cauterizar as feridas com fogo.[39]

As curandeiras se consagraram aos cuidados da vida doméstica e cotidiana. Eram próximas das mulheres rurais, que demoraram mais do que as urbanas para entrar na mão de obra assalariada industrial do século 19. Algumas eram comerciantes, artesãs, merceeiras, ou parte da indústria têxtil que começou a se desenvolver no campo, mas a maioria ainda era dona de casa e plantava a horta, criava aves e pequenos animais, lavava e costurava roupas, cuidava das crianças e todos os dias botava a panela no fogo para alimentar a família.[40] Para elas, as mulheres curandeiras ainda eram as cuidadoras de referência e os pilares da transmissão de tradições terapêuticas.

Como as mulheres sábias e as mulheres-dos-remédios de antigamente, as mulheres-que-ajudam eram reconhecidas por terem atravessado, como mulheres, os acontecimentos e dificuldades ligados a sua condição. Elas eram chamadas de "avós", com o respeito devido às pessoas que adquiriram a sabedoria da idade.[41] Como nos séculos anteriores, algumas herdaram o papel de matronas: conviviam em maior ou menor harmonia com as parteiras que voltavam diplomadas do tempo passado na cidade. Algumas continuaram a realizar os partos, e outras escolheram auxiliar as parteiras instruídas, lavando os lençóis, esquentando a água e servindo de companhia reconfortante, o que selava a solidariedade feminina. Enquanto as parteiras diplomadas tendiam a deixar para trás a magia-feitiçaria em seu aprendizado científico, as mulheres-que-ajudam perpetuaram as preces e os gestos simbólicos de proteção.[42]

A mãe Fadet

Finalmente lhe veio a ideia de consultar uma viúva que chamavam de mãe Fadet e que morava bem ao fim da Junquilheira, rente ao caminho que desce até o vau. Essa mulher, que não tinha terras nem bens além de seu pequeno jardim e sua pequena casa, não mendigava em nada, devido ao vasto conhecimento que detinha sobre os males e infortúnios do mundo, e, de todos os lados, vinha gente consultá-la. Ela fazia os curativos do segredo, o que quer dizer que, por meios secretos, curava feridas, entorses e outros acidentes. Ela se enganava bastante, pois curava doenças que as pessoas não tinham [...]. Mas, quanto ao conhecimento dos bons remédios, que aplicava para esfriar o corpo [...]; dos emplastros garantidos com que cobria cortes e queimaduras; das bebidas que preparava diante da febre, não há dúvidas de que ela merecia seu dinheiro e que curava muitos doentes que os médicos teriam levado à morte caso experimentassem seus tratamentos. Pelo menos era o que ela dizia, e aqueles que ela salvava preferiam acreditar a se arriscar.

— George Sand, *A pequena Fadette* (1848)

As curandeiras detinham, assim, o monopólio dos cuidados preventivos e curativos destinados às mulheres, ainda carregados de pudor e tabu. Dores de barriga e enxaquecas, incômodos ginecológicos, problemas de gravidez e infertilidade raramente eram evocados diante dos homens, fossem eles curandeiros ou médicos. Eram elas, também, as responsáveis pela puericultura popular. Em paralelo aos ensinamentos das parteiras e das freiras que serviam de conexão da cultura médica com as mães, as "avós" educavam as mães em relação à proteção dos bebês diante dos elementos (o frio, o calor), das doenças infantis comuns, como o "sapinho" (candidíase oral), ou dos ataques invisíveis do mal (os demônios medievais desapareceram das crenças, mas não as manifestações do diabo).[43]

Eram elas também que integravam os recém-chegados à comunidade camponesa: seguravam os recém-nascidos no batismo e ensinavam as mães a embrulhar e massagear os bebês, para moldar o corpinho e torná-los mais fortes e bonitos. Ao fim do ciclo da vida, eram essas curandeiras as convocadas, como antigamente, para a cabeceira dos doentes e dos idosos, e também no momento da morte. Elas lavavam e vestiam os cadáveres, preparavam a câmara mortuária, cobriam os espelhos e paravam os relógios antes da decorrência do tempo ritual funerário.[44]

Provérbios de saúde

No verão e no inverno, a hortelã expulsa o verme.
Se quiser saúde enfim, na barriga ponha um jardim.
Se a insônia o fatiga, tome um caldo de urtiga.
Em junho, julho e agosto, nem ostras, nem mulheres, nem couve a gosto.
Quem tem febre no mês de maio, passa o ano são e gaio.
Melhor pagar o padeiro do que o médico.[45]

Muito mais do que os curandeiros, sem dúvida as "avós" eram as conhecedoras de plantas e remédios. A farmacopeia popular e seus modos de preparo não mudaram nada desde a época medieval. As ervas, as frutas, os legumes e as matérias-primas animais e minerais continuavam as mesmas, com acréscimo de especiarias e verduras vindas de origens exóticas. Secas, maceradas, misturadas, essas substâncias eram preparadas como as receitas de cozinha que revigoram e expurgam o corpo. Infusões, decocções, macerações, caldos, lavagens, pomadas, unguentos, linimentos... as formas dos remédios se multiplicaram. A abordagem da "assinatura" das plantas e a esperteza dos provérbios, transmitidas oralmente, substituíram a farmacopeia e seus usos na rede familiar de correspondências com o cosmo. As "avós" curandeiras completavam esses conhecimentos com os ensinamentos contidos nos manuais de remédios e nos almanaques vendidos por caixeiros-viajantes. Esses textos vinham de médicos ou de Damas da Caridade preocupados com a difusão de saberes médicos úteis para os mais pobres. E a medicina dos pobres era uma medicina natural, feita de terapias eruditas simplificadas e de receitas populares à base de plantas.

Os manuais possibilitaram que as velhas cuidadoras validassem seus conhecimentos e diversificassem suas práticas, apesar de as indicações esvaziarem os remédios de suas propriedades simbólicas, pois se interessavam apenas pelas propriedades física e quimicamente ativas das substâncias medicinais.

Os almanaques, nos quais as receitas eram lidas ao lado de horóscopos, se aproximavam mais da prática das "avós". Elas continuaram bastante fiéis aos métodos das mulheres-dos-remédios camponesas da Idade Média. Elas mobilizavam, por procedimentos rituais, as forças invisíveis de cura que animavam as plantas, as pedras ou os extratos animais. A magia-feitiçaria das curandeiras continuava viva. Cúmulo da ironia: a difusão dos livros de magia dos antigos sábios escolásticos teve papel importante na manutenção dessas tradições. As curandeiras do século 19 encontraram nessas obras de sucesso, como *Le Grand Albert*, *Le Petit Albert*, ou o "Agrippa", os saberes anteriormente roubados das magas medievais. Elas reabilitaram esses conceitos do cuidado que faziam apelo aos poderes ocultos e reativaram a ideia de que há um conjunto de vínculos entre seres humanos, não humanos e o cosmo.[46]

A medicina dos pobres era uma medicina natural, feita de terapias eruditas simplificadas e de receitas populares à base de plantas.

As representações do corpo nos manuais de divulgação médica costumavam mostrá-lo como uma máquina incrivelmente complexa, cujos órgãos tinham função de bomba, engrenagem ou fole, e os ossos eram uma estrutura sólida.[47] Muitas curandeiras, em vez de rejeitar esses saberes, se apropriaram deles e os integraram a concepções mais holísticas do corpo. Para elas, ao contrário dos médicos, não havia incompatibilidade entre a descrição anatômica de determinada parte do corpo e suas correspondências com um dos quatro elementos, uma das quatro estações, uma das quatro qualidades, uma das doze constelações do zodíaco etc. Toda parte do corpo ecoava também sua função no campo das relações com outros indivíduos: as articulações possibilitavam que o corpo se mexesse e fosse na direção dos outros, as dores impediam o trabalho com os colegas, a orelha possibilitava escutar notícias (se apita, é como alerta), o coração era o centro das amizades e das paixões, até "se partir".[48]

Com base nessa linguagem do corpo, as curandeiras previam os males ou determinavam os tratamentos mais adequados. Elas se mostraram, assim, herdeiras das mulheres-que-veem da época medieval. Algumas confiavam nos próprios sonhos, ou naqueles dos doentes, para estabelecer um diagnóstico, como antes faziam as oniromantes. Suas intuições e seus livros de sonhos as ajudavam a interpretar visões noturnas: sonhar com muletas pressagiaria doença, sonhar com berço anunciaria gravidez, sonhar com o coração doente seria augúrio de uma doença vindoura.

A quiromancia foi outro método preditivo popular e especialmente útil para identificar doenças latentes. Nas linhas da mão se traçam correspondências com o corpo inteiro: onde as curvas da vida, do amor ou da saúde fossem interrompidas por saliências ou desgastes da pele, ali estavam os sinais a serem interpretados para situar o corpo no mal presente ou futuro.[49]

Curandeiras impregnadas de catolicismo

As curandeiras, em geral fervorosamente crentes do catolicismo, ainda eram assíduas no culto aos santos milagreiros — que as freiras cuidadoras não pararam de transmitir ao longo dos séculos. Algumas se especializaram em conhecer os mártires taumaturgos correspondentes a cada parte do corpo e cada sofrimento. Era uma dimensão complementar à linguagem corporal complexa utilizada nas medicinas populares. As "tiradoras de santos" orientavam os doentes para a capela, a fonte milagrosa ou a romaria que levaria a sua cura. Contudo, elas também recorriam a procedimentos divinatórios para confirmar a escolha: um dos métodos mais conhecidos consistia em jogar um pano que pertencesse à pessoa doente na água de um chafariz, para ver se flutuaria ou afundaria, o que diria se a saída da doença seria positiva ou negativa. Alguns doentes não estavam em condições de fazer as romarias necessárias para a cura; nesse caso, certas beatas, chamadas de "viajantes", se dedicavam a trilhar o caminho no lugar deles e levavam uma oferenda ou ex-voto ao lugar sagrado.[50]

Assim, as curandeiras ainda utilizavam representações do corpo e procedimentos terapêuticos de imensa riqueza, ao mesmo tempo inspirados no legado deixado pelas cuidadoras populares ao longo dos séculos e nos modelos médicos mais recentemente divulgados. Ao se dedicarem aos males associados ao feminino e à vida doméstica, compartilhavam o trabalho com os homens curandeiros, mais voltados para os males masculinos, ligados ao trabalho braçal e às medicinas manuais. Entretanto, uma prática terapêutica resistiu menos a essa demarcação: a cura por conjuração.

Conjuração, um campo compartilhado com os curandeiros

Entre os curandeiros, alguns eram conhecidos por *"panser"* (fazer curativo), *"lever"* (levantar) ou *"signer"* (sinalizar) os males. Eram terapeutas que *"barrent le feu"* (bloqueavam o fogo) e *"charment"* (encantavam) o mal. Diziam que eles tinham o "dom" e que curavam a partir do "segredo". Ter o dom era possuir certa predisposição à magia, uma capacidade potencial de aliviar os males. Era um poder difícil de descrever, porque se manifestava por sensações corporais difusas e emoções flutuantes e se referia ao misterioso, ao invisível e ao sagrado.[51]

O dom frequentemente era identificado em pessoas cujo nascimento apresentava peculiaridades: algumas estavam envoltas pela bolsa amniótica no parto; outras nasceram em apresentação pélvica; ou, ainda, haviam nascido na data de um padroeiro curandeiro, o que levava a uma predisposição à capacidade de aliviar o mal por seu intermédio. Outras pessoas nasciam com o dom porque eram o quinto filho de pais "sinalizadores". O dom poderia ser passado adiante ou pular gerações, era transmitido em linhagens de homens ou mulheres, ou mesmo cruzando gêneros e gerações. Os conjuradores experientes também detectavam intuitivamente o dom nas pessoas que tinham essas qualidades na relação.[52]

A quiromancia era outro método preditivo popular e especialmente útil para identificar doenças latentes. Nas linhas da mão se traçavam correspondências com o corpo inteiro: onde as curvas da vida, do amor ou da saúde eram interrompidas por saliências ou desgastes da pele, ali estavam os sinais a serem interpretados para situar o corpo no mal presente ou futuro.

O dom por si só não bastava para o tratamento. Para ser curandeiro, era preciso receber o segredo de uma oração e estar apto a realizar o ritual terapêutico que a acompanharia. Em geral, esse segredo era transmitido por antigos curandeiros ou curandeiras àqueles que reconheciam como seus herdeiros entre os membros da comunidade que tinham o dom. Esse momento era especialmente importante porque os terapeutas, ao transmitir o segredo, perdiam o próprio poder de cura. Era preferível que fosse transmitido para alguém que tivesse o sangue suficientemente "forte" para realizar sem danos os tratamentos rituais. As mulheres ou os homens de constituição mais frágil às vezes eram afastados dessa transmissão. Especialmente porque, quando se detinham o dom e o segredo, era vital utilizá-los. Por fim, era extremamente importante que as orações e os gestos continuassem secretos; senão, poderiam perder a eficácia ou, pior ainda, cair nas mãos de pessoas más.[53]

As orações frequentemente evocavam passagens dos Evangelhos ou do Novo Testamento e se dirigiam diretamente ao mal responsável pela doença. Elas lembravam muito os encantamentos das curandeiras medievais, que os magos eruditos denunciaram antes de cristianizá-los e assumi-los. Certas fórmulas mudaram muito pouco desde a Idade Média. As conjurantes se dirigiam ao agente externo que vinha perturbar o equilíbrio geral do corpo: ele era personificado, interpelado e ordenado a partir, fosse pelo fogo, cancros, cólicas, dor de garganta, verrugas ou veneno.[54] Os segredos funcionavam como pequenos exorcismos. Certas preces eram generalistas, mesmo que se conformassem à eficácia das fórmulas secretas especializadas para cada mal.

Contudo, o segredo não bastava para a cura. Os novos aprendizes deveriam tornar as palavras mágicas eficazes, aprender a acompanhá-las de gestos rituais herdados — sinais da cruz, sopros, círculos desenhados com o dedo — e se apropriar dessa atividade que ainda lhes era inédita. Também era preciso descobrir as sensações que aconteciam no momento do cuidado, aprender a preencher de emoção as palavras e os gestos, reconhecer quando o mal estava presente em outra pessoa e quando havia sido "tomado para si". Saber se livrar também. Os legatários do segredo davam os melhores conselhos para aperfeiçoar os aprendizados indispensáveis.[55] Era preciso, enfim, que os novos curandeiros fossem reconhecidos pela comunidade, pois um *"faiseur de secrets"* ["fazedor de segredos"] ou uma *"quitteuse"* ["livradora"] existiam apenas com base na reputação.

> **Oração contra o fogo**
>
> Recitar o pai-nosso.
>
> Soprar uma cruz por cima da queimadura.
> Recitar:
> "Fogo-fogo-fogo, interrompa seu calor!
> Como Judas perdeu a cor,
> Ao trair nosso Senhor
> Jesus Cristo no Jardim das Oliveiras."
> Repetir três vezes,
> então recitar três vezes o pai-nosso e três vezes a ave-maria.
>
> — Oração contra o fogo transmitida à autora por sua bisavó normanda

As conjurantes se dirigiam ao agente externo que vinha perturbar o equilíbrio geral do corpo.

Quando os infortúnios se repetiam e a doença perdurava, os terapeutas mais indicados eram os enfeitiçadores. Eles representavam uma categoria específica de cuidadores rurais, pois lidavam com poderes ocultos mais perigosos. O povo recorria ao serviço deles quando acreditava ter sido afetado por um sortilégio. A questão aqui é o mal, a força satânica que permanecia a maior ameaça na consciência desde a demonologia inquisitorial do século 13. Vários séculos depois, o mal, sob a imagem do diabo, de seus demônios ou de animais, ainda era considerado causador de diversos males e infortúnios que afetavam os humanos, os animais ou as colheitas. E, apesar de as bruxas não darem mais tanto medo quanto na época das caças, ainda se desconfiava das "avós", que poderiam, discretamente, lançar um sortilégio ou mau-olhado.[56]

As cuidadoras, em suas diversas facetas, ainda tinham, assim, um lugar importante entre os terapeutas populares do campo no século 19. Na visão dos médicos, elas praticavam uma medicina arcaica, baseada em superstições, carregada de crença religiosa, e utilizavam princípios médicos ultrapassados ou tão adulterados que não podiam mais ser considerados científicos. Eles continuaram, portanto, a lutar contra elas, reforçando sua posição com a lei de 1892. Porém, as curandeiras e os curandeiros sobreviveram graças à indefinição dos textos legislativos e à impossibilidade de a justiça comprovar a ilegalidade de seu exercício; suas atividades eram invisíveis demais, ou meros momentos fortuitos da vida cotidiana. Esses terapeutas continuaram a ser essenciais para as pessoas, que, como eles, conectavam os cuidados a gestos cotidianos e a cura à busca de um equilíbrio natural, por ação conjunta de plantas curativas, forças invisíveis e os poderes do sagrado.

As "sonâmbulas"

Conexão com o mundo médico

A lei relativa ao exercício ilegal da medicina visava a uma última categoria de curandeiras que trabalhavam nas cidades, no limite dos sonhos. Eram chamadas de "sonâmbulas", ou, às vezes, "dormideiras", devido ao estado de sono extralúcido no qual se encontravam ao anunciar os males de que sofriam os doentes e os tratamentos que poderiam servir de cura. Nesse estado de consciência alterada, também se tornavam videntes e podiam prever o futuro dos consulentes. Algumas eram consideradas profetisas e descreviam, cada uma a seu modo, o que enxergavam do além e dos mundos extraterrestres, encorajadas pelos adeptos das correntes místicas e dos movimentos espiritualistas que faziam concorrência à religião cristã, na época excessivamente dogmática. Além da lei já citada, as sonâmbulas extralúcidas foram alvo de um artigo do Código Penal francês de 1810 que determinou penas para as pessoas que ganhavam a vida com o augúrio do futuro e a interpretação de sonhos. Apesar de serem frequentemente acusadas de praticar a divinação para tirar dinheiro dos ingênuos, ou de diagnosticar e receitar sem diploma médico, era raro que fossem processadas judicialmente. Em parte porque as queixas de seus clientes e as tragédias eram raras, e, em parte, porque muitas delas trabalhavam com magnetizadores que as "botavam para dormir", e que eram, por sua vez, médicos ou oficiais de saúde. Assim, elas exerceram a profissão ao longo do século 19 sem serem incomodadas e encontraram certa popularidade em meio à elite. A lei de 1892 engrossou o tom em relação a elas, e, em 1895, o Código Penal proibiu categoricamente a promoção e o exercício de profissões ligadas à adivinhação.[57]

Mas quem eram essas mulheres? Com seus cuidados invisíveis, elas surgiram como contraparte urbana das curandeiras que conjuravam males no campo. Elas até mesmo apoiavam sua legitimidade nas origens médicas e científicas da prática. O estado de sono extralúcido era chamado de "sonambulismo magnético", em referência à teoria de Franz Anton Mesmer (1734-1815). Em 1766, em Viena, Mesmer defendeu sua tese de medicina, na qual afirmou a existência do "magnetismo animal". Ele definiu o conceito como um fluido invisível que conecta, por meio de um jogo de influências recíprocas, os corpos vivos aos corpos celestes. A teoria de Mesmer teve forte influência da alquimia, que via tudo como animado e transformado por uma força divina única. Também estava ligada à corrente esotérica chamada de teosofia, que, seguindo a linhagem de Paracelso, promoveu, no século 18, a ideia de correspondências universais entre o ser humano, seu ambiente natural e o divino. Segundo a teosofia, o recurso às ciências físicas é um ponto de partida para uma compreensão global dessa visão holística do mundo. Ela também se apoia, de modo mais distante, na teoria do equilíbrio dos humores da medicina hipocrática.[58]

Quando os infortúnios se repetiam e a doença perdurava, os terapeutas mais indicados eram os enfeitiçadores.

De acordo com Mesmer, grande parte dos transtornos de saúde física e mental se deviam a perturbações da circulação do fluido magnético no corpo, e era preciso reequilibrar os fluxos e refluxos para recuperar a saúde. A partir disso, ele desenvolveu um "dispositivo terapêutico" com intenção de restabelecer a harmonia energética do corpo: usava ímãs e as próprias mãos para transferir o fluido por contato. Em Viena, em 1774, tratou assim uma mulher que sofria de histeria: o tratamento causou um transe convulsivo final que indicou a expulsão terapêutica das forças excessivas.

A medicina efervescente de Mesmer não caiu bem para as autoridades austríacas; em 1778, ele emigrou para Paris, onde seus métodos rapidamente entraram em voga na aristocracia e na burguesia da capital, que viam neles um modo maravilhoso de utilizar as forças naturais. O médico desenvolveu mais o dispositivo, usando tinas de madeira repletas de água e de pó de ferro magnetizado, das quais emergiam cabos metálicos que os doentes empunhavam até sentir uma espécie de descarga energética, sinal da evacuação do excesso de fluidos. Médicos e amadores se formaram segundo o método, rendendo um bom dinheiro. Porém, o sucesso da clínica parisiense de Mesmer (inclusive entre médicos) e de seus famosos banhos magnéticos foi interrompido quando o químico Lavoisier e o médico Guillotin, encarregados de investigar o tema pelo rei Luís XVI, concluíram que o famoso fluido animal não existia. As ondas de cura foram atribuídas às sugestões do hipnotizador.[59]

A lei relativa ao exercício ilegal da medicina visava a uma última categoria de curandeiras que trabalhavam nas cidades, no limite dos sonhos.

Apesar do transtorno, o marquês de Puységur, um dos antigos alunos formados por Mesmer, magnetizava regularmente seus conhecidos. Um dia, um de seus pacientes mergulhou em um sono profundo sob os cuidados do marquês e continuou conseguindo falar: ele descreveu o interior do corpo e a origem da doença, antes de especificar o tratamento de que necessitava. Puységur chamou esse fenômeno de "sonambulismo magnético", ancestral da hipnose terapêutica, e aprofundou a técnica de modo a tratar dos doentes que se apresentavam.[60]

No nascer do século 19, suas experiências despertaram o interesse de adeptos de correntes esotéricas como o iluminismo* e a teosofia. Eles buscavam promover um novo universo de crenças que se afastasse dos dogmas da Igreja e se fundamentasse na ideia de correspondências

---

* Corrente esotérica que difere do Iluminismo como período histórico. [N. T.]

universais entre seres humanos, a natureza e o divino, retomando o pensamento de Paracelso[61] e, antes dele, a cosmologia popular das curandeiras medievais. Sua ideia era, então, conduzir as pessoas a estados de sonambulismo magnético para perguntar a elas sobre suas próprias doenças, as doenças dos outros e, acima de tudo, o além. O sonambulismo magnético deu acesso, simultaneamente, à cura e à espiritualidade.

As sonâmbulas magnéticas

As sonâmbulas, no início do século 19, eram pacientes que, ao se consultar para curar seus males, se tornaram verdadeiras curandeiras e visionárias. Os magnetizadores contratavam seus serviços e as remuneravam por sessões abertas aos doentes ou àqueles que desejassem se comunicar com o além. Por meio de passes ou de frases que lembravam encantamentos, eles mergulhavam as dormideiras naquele peculiar sono desperto. Rapidamente, algumas decidiram se emancipar dos homens e aprenderam a entrar e sair dos transes sozinhas, por concentração, prece, ou outros procedimentos que inventavam. Fossem independentes ou guiadas por magnetizadores, explicavam o que acontecia com elas quando mergulhadas naquele estado hipnótico. Com palavras simples e imagens emprestadas da fé católica, expressavam a sensação de que a alma escapava para viajar por dentro do próprio corpo, e também do corpo dos pacientes. Algumas falavam, inclusive, da impressão de fundir-se com eles, de "ver" e "sentir" a dor deles, e "ouvir" indicações sobre o que poderia tratá-la.[62]

Em comunidades tanto humildes quanto abastadas, pagava-se pelo serviço de vidência dessas mulheres para tratar de uma grande variedade de males. Como as velhas curandeiras do campo, eram solicitadas principalmente para aliviar dores como as do reumatismo e do sistema digestivo, ou os incômodos mais íntimos e femininos da menstruação. Também eram consultadas para solucionar doenças que na época eram chamadas de "nervosas": como a melancolia, a insônia, a epilepsia, a histeria ou a loucura. Frequentemente pertencentes à mesma classe social que os pacientes, elas explicavam e davam sentido ao sofrimento deles com palavras que eles entendiam, sem jargão médico. Os tratamentos que receitavam eram essencialmente remédios conhecidos da farmacopeia popular, de fácil acesso nas lojas de herbolários.[63]

A adivinhação era parte do dispositivo terapêutico das sonâmbulas, que, graças a seu dom de vidência, previam doença e cura, nascimento e morte, sofrimentos passados e futuros.

A adivinhação era parte do dispositivo terapêutico das sonâmbulas, que, graças a seu dom de vidência, previam doença e cura, nascimento e morte, sofrimentos passados e futuros. Algumas, talvez menos videntes, usavam processos divinatórios mais comuns, como pedras semipreciosas, espelhos ou bolas de cristal cuja superfície refletia os sinais do sobrenatural. Algumas liam as mãos e tiravam cartas de vários jogos de tarô diferentes, apropriando-se especialmente das imagens e dos símbolos dos tarôs de Marselha e de Paris: a vidente parisiense sra. Lenormand foi uma cartomante tão consultada que seu sobrenome mais tarde seria adotado para promover novos baralhos de tarô divinatório.[64] As visões eram interpretadas pelo prisma de uma linguagem simbólica ancorada nas culturas populares e operárias locais, de onde as sonâmbulas frequentemente vinham. Elas abriram consultórios que ficaram famosos em várias das grandes cidades francesas.[65]

Em paralelo aos cuidados dos doentes, algumas sonâmbulas se especializaram na comunicação com entidades invisíveis. Por indicação dos magnetizadores, as almas iam a um além que descreviam como povoado por anjos, santos e espíritos dos mortos. Em geral, comunicavam-se com os parentes falecidos ou com os parentes dos membros do público reunido nas sessões. Ver os mortos e comunicar-se com eles era uma verdadeira subversão da fé católica, que, em outra época, assimilou essas práticas à bruxaria. Enquanto a Igreja classificava as almas do lado do bem ou do mal, no paraíso, no purgatório ou no inferno, as sonâmbulas falavam de mundos intermediários nos quais os espíritos falecidos expiariam erros cometidos durante a vida terrena, aguardando pelo convite da família para subir os degraus da despedida eterna, ou se dedicavam a transmitir recados aos vivos que deixaram cedo demais. As sonâmbulas desejavam uma cartografia original e flutuante do mundo dos mortos, que exploravam e descreviam como um ambiente suave, calmo e luminoso, propício ao descanso das almas que sofreram na passagem pela Terra. Reatando os laços de parentesco que haviam sido rompidos entre mortos e vivos, elas informavam a estes últimos, no papel de guias espirituais, sobre as preces que permitiriam a liberdade da alma de seus mortos. Elas aliviavam a angústia dos enlutados em uma época em que os combates revolucionários, as guerras napoleônicas e as condições de vida levavam a muitas mortes.[66]

As visões das sonâmbulas não serviam apenas para a cura, mas também escondiam uma dimensão profética. As palavras e os textos das mulheres em êxtase possibilitavam imaginar um além invisível no qual reinavam a harmonia e a leveza que tanto faziam falta na França sob tensão. Descreviam mundos extraterrestres agradáveis, relaxantes e harmoniosos que tinham o prazer de visitar em alma sempre que possível. Um além no qual as almas poderiam continuar a progredir, tornando-se mais realizadas, etapa por etapa, e libertando-se dos fardos passados e dos pecados cometidos. Um além em que o gênero era menos dividido e a alma oscilava entre feminino e masculino, experimentando ambos os sexos para abolir suas fronteiras.[67]

As médiuns

Em meados do século 19, as sonâmbulas se tornaram "médiuns" sob influência do fundador de uma nova religião, o espiritismo. Um antigo educador, próximo das correntes socialistas espiritualistas, Hippolyte

Léon Denizard Rivail, conhecido pelo pseudônimo de Allan Kardec, acreditava na necessidade de mudar a sociedade pelo aperfeiçoamento espiritual da humanidade. Ele participava de sessões de mesas girantes, uma forma de comunicação com o invisível vinda dos Estados Unidos, que entrou na moda nos salões parisienses na década de 1850. Os espíritos batiam na madeira de uma mesa redonda, em ritmos misteriosos que as sonâmbulas-médiuns interpretavam como código para transmitir mensagens. Em pouco tempo, para facilitar a comunicação, foram retirados os objetos mediúnicos, e as próprias videntes davam voz aos espíritos, ou escreviam e desenhavam sob sua influência.[68]

O espiritismo se baseou na crença do desenvolvimento espiritual necessário e saudável, o que possibilitaria que a humanidade se aproximasse de uma mudança social utópica.

Allan Kardec se cercou de uma dezena de "sonâmbulos", que chamava de "médiuns", em referência ao movimento espírita norte-americano. Essa palavra traduziu certa conversão do olhar sobre o papel das mulheres-que-veem (pois as médiuns eram principalmente mulheres) no processo de comunicação com os espíritos. Não eram mais elas que viajavam, em espírito, para corpos e mundos extraterrestres; passaram a ser aquelas que tinham a capacidade de se abandonar, de calar o próprio espírito para acolher o espírito de outras entidades, anjos, guias ou mortos, com função de protetor, curandeiro e mensageiro. Elas entregavam o corpo e a voz e suportavam a exaustão e as emoções fortes que às vezes as abalavam nesses estados. Eram canais orgânicos pelos quais as entidades transitavam e se expressavam, graças não mais ao fluido magnético, mas a um princípio relativamente equivalente, chamado de "perispírito".[69]

Durante as sessões que Kardec conduzia com seus médiuns, ele orientava as perguntas aos espíritos com base em suas reflexões sociais e teológicas: em 1857, ele publicou as revelações mediúnicas que recolheu no *Livro dos espíritos*. A obra, um best-seller reeditado até hoje, tornou-se o pilar de uma nova religião, o espiritismo, também chamada de "kardecismo" ou "filosofia espírita". É uma doutrina que fala do invisível, de seus poderes e mistérios, com palavras simples, sem recorrer aos segredos elitistas tão frequentes no dogma católico. As mensagens dos espíritos transcritas no livro apareciam como confirmações da existência de Deus, da importância de leis morais e do princípio da reencarnação das almas. Vida após vida, elas poderiam reencarnar em diferentes existências, terrestres ou não, e assim encontrar a possibilidade de progredir pelos caminhos ideais do amor e da fraternidade incondicionais. O espiritismo se baseou na crença do desenvolvimento espiritual necessário e saudável, o que possibilitaria que a humanidade se aproximasse de uma mudança social utópica. Acreditava-se que, após uma vida de homem aristocrata, a alma talvez vivesse como mulher pobre e operária, o que deveria levar a pensar que a nova sociedade seria mais igualitária.[70]

Essa religião, que conciliou Deus e um ideal social, também envolveu uma forma de legitimidade científica. Os transes mediúnicos eram conduzidos e transcritos pelos adeptos espíritas no modelo de experimentos científicos, e os sinais dos espíritos serviam como prova de sua existência. "Não há efeito sem causa", lembrava Kardec. As afiliações científicas que ele reivindicou receberam fortes críticas das faculdades onde predominava o positivismo das leis físico-químicas da matéria. A mediunidade não respondia aos requisitos do experimento científico.[71]

A Igreja via essa doutrina subversiva com maus olhos: os textos fundadores não saíram, afinal, da boca de mulheres entregues ao serviço dos mortos? Apesar da oposição, o movimento espírita rapidamente encontrou grande sucesso na França, na Europa e do outro lado do Atlântico.

Nem todas as médiuns se dedicavam à exploração espiritual. O movimento pretendia desenvolver uma "medicina espírita", então algumas dentre elas exerciam atividades terapêuticas: para tratar, elas alegavam se desassociar do corpo para dar espaço para espíritos médicos, que diagnosticavam e receitavam pela voz ou pela pena das médiuns. Às vezes, elas combinavam esse processo àquele do sonambulismo, visitando o corpo dos doentes e sentindo seus males no próprio corpo antes de receber a visão do remédio adequado.[72]

Convergências

Por que tantas mulheres entre sonâmbulas e médiuns? Supunha-se que sua natureza fosse mais sensível, mais transparente às emoções, mais intuitiva e mais permeável às forças ocultas do que a dos homens, dominada pela razão. Elas foram, assim, historicamente consideradas mais inclinadas a se relacionar com o invisível. Ademais, suas dores e seus sofrimentos, muitas vezes incompreendidos, evocavam analogias com as mulheres mártires, cujos males e infortúnios as aproximavam do divino. Os estados de saúde das mulheres, mais do que o dos homens, atraíam mais facilmente os médicos do século 19, que se interessavam pela suposta origem nervosa da histeria e por tentar novas terapias, como a eletricidade e o magnetismo.[73] Isso reativou os estereótipos femininos, mas as mulheres magnetizadoras encontraram um caminho para escapar e conseguiram oferecer às contemporâneas um espaço de expressão à margem, assim como novos trabalhos.

Além das diferenças na relação com o invisível, as sonâmbulas e médiuns espíritas, curandeiras ou visionárias, se assemelhavam em vários aspectos e tinham muitos pontos em comum com as místicas da época medieval. Todas encontravam na experiência extática uma via para acessar um espaço valorizado na sociedade pouco favorável à expressão das mulheres no espaço público. No século 19, sonâmbulas e médiuns eram, em sua maioria, de origem popular e operária: eram lavadeiras, costureiras, passadeiras, porteiras, artistas...[74] Na tecelagem, as mãos menores eram as femininas. As imagens vistas pelas dormideiras curandeiras vindas desse serviço foram interpretadas pela lente dos simbolismos próprios do mundo operário: a linha que se costura ou corta é o fio da vida, o remendo se refere aos vínculos familiares rompidos, as agulhas e os bordados marcam a entrada das moças na puberdade, e a roupa elegante, anunciando a morte, é a que vestimos no caixão.[75] Fora do espaço particular da consulta, as sonâmbulas e médiuns tinham acesso aos salões da elite, participavam de sessões públicas de magnetismo e se encontravam no cerne dos círculos espíritas. Elas eram recebidas e ouvidas por homens, que consideravam suas palavras proféticas. Tal lugar para mulheres de sua condição social era inimaginável nessa sociedade ainda profundamente marcada pelo patriarcado.[76]

As místicas beguinas de sua época, assim como as freiras contemplativas tal qual Hildegarda de Bingen, também conseguiram encontrar seu lugar, se fazer ouvir e difundir suas obras graças às suas misteriosas e fascinantes capacidades de êxtase que lhes deram renome. Inicialmente dependendo de homens, frades secretários e confessores, algumas se emanciparam, como Margarida Porete, que escreveu o próprio livro e percorreu o reino para espalhar suas visões (ver capítulo 3). No século 19, as sonâmbulas e médiuns foram também inicialmente dependentes de homens, magnetizadores ou espíritas, dos quais rapidamente se distanciaram para exercer o trabalho sozinhas e escrever suas próprias obras. Essas mulheres todas ganharam independência assim, aos poucos, tanto para experimentar outras vias terapêuticas quanto para participar da elaboração de outros caminhos espirituais e outros modelos sociais.

Beguinas, sonâmbulas e médiuns, separadas por mais de dez séculos, propuseram uma prática da fé vivida física e emocionalmente, em relação direta com o divino e o invisível. Todas elas aspiravam a uma mudança social considerável, baseada na ajuda mútua e na igualdade entre os seres.

SÉCULO 20

TERAPEUTAS À MARGEM DA MEDICINA

No século 20, a medicina científica ganhou vantagem sobre todas as outras abordagens terapêuticas. O sistema de saúde público francês foi concebido por médicos e autoridades políticas. As mulheres cuidadoras se profissionalizaram em massa, mas continuaram subordinadas à hierarquia médica e masculina. As curandeiras tornaram-se anacronismos arcaicos. Contudo, elas não desapareceram: apenas se adaptaram ao espelho apresentado pela modernidade. A partir da segunda metade do século, o surgimento de terapias "alternativas" ou vindas de outros lugares acompanhou a renovação das mulheres-que-cuidam.

Um sistema nacional de saúde

No século 20, um arsenal legislativo inteiro passou a progressivamente restringir o campo dos cuidados apenas às profissões médicas e paramédicas. O estado francês implementou um sistema nacional de saúde que garantiu uma oferta de cuidados para a maior parte da população.

Promulgada pelo governo de Vichy, essa lei foi acompanhada de outra medida, assinada por Charles de Gaulle, reforçando o delito do exercício ilegal da medicina. O monopólio médico marginalizou os praticantes de medicina popular. Os primeiros a serem afetados foram os herbolários: seu certificado foi invalidado, dando vantagem aos farmacêuticos, que passaram a ter o monopólio da venda de medicamentos.

Com a criação do Conselho Federal de Medicina, o corpo médico francês adquiriu a legitimidade à qual aspirava desde o final do século 18. Sua área de competência passou também a abarcar situações que, antes, não faziam parte de seus saberes nem de sua autoridade, como a alimentação, a sexualidade e a educação. Os médicos também foram solicitados para estruturar programas de saúde pública de envergadura nacional, por exemplo, para a vacinação. A medicina se tornou coletiva.

Ainda existiam territórios isolados, nas montanhas e em certas áreas rurais, onde os médicos eram menos presentes. Porém, a ambição do corpo médico, apoiado pelo Estado, era de oferecer a todos os franceses o acesso a cuidados conferidos por médicos diplomados. Com a criação da Seguridade Social, em 1945, era possível ir ao médico sem ter de arcar com os custos, que havia muito tempo eram proibitivos para famílias mais modestas. Desde então, uma parcela enorme da população se voltou em massa para o corpo médico.[1]

> **No século 20, o sistema de saúde francês se organizou ao redor da medicina e da farmácia**
>
> **1892:** Lei de 30 de novembro tornou mais rígidas as condições para obtenção do diploma de medicina, suprimindo a categoria de "oficiais de saúde", definiu o exercício ilegal da medicina e autorizou a criação de sindicatos médicos para defender a profissão.
> **1902:** Lei para organização nacional, departamental e comunal do sistema de saúde pública.
> **1905:** Lei de separação da Igreja e do Estado, precedida pelas leis anticlericais chamadas de "leis Combes", de 1901 e 1904, que tornaram os hospitais laicos

> e expulsaram as freiras dos estabelecimentos de saúde.
>
> 1941: Lei-decreto de 11 de janeiro suprimiu o certificado de herbolário.
>
> 1945: Lei de 5 de maio incitou a criação da Ordem dos Farmacêuticos.
>
> Decreto de 24 de setembro ratificou o delito de exercício ilegal da medicina por qualquer pessoa que oferecesse tratamento sem título e incitou a criação da Ordem dos Médicos, Dentistas e Parteiras.
>
> 2009: Artigo L-4161-5 do Código de Saúde Pública prevê pena de até dois anos de reclusão e multa de trinta mil euros para terapeutas ilegais.[2]

As cuidadoras se profissionalizam

Em períodos de devastação causados por guerras e epidemias, como a de gripe espanhola e poliomielite, o novo sistema de saúde encorajou a entrada em massa das mulheres nas profissões médicas. Abriram-se para elas as portas das escolas e foi dado acesso a um trabalho reconhecido. A tentação para muitas delas era grande. Aquelas que poderiam ter se tornado mulheres-dos-remédios ou mulheres-que-ajudam, matronas, "avós" ou freiras, acabaram preferindo as novas profissões na área da saúde.

As enfermeiras e parteiras diplomadas se multiplicaram, ainda que permanecessem como mão de obra subordinada aos médicos. Elas em breve começariam a luta para obter o reconhecimento e a valorização da identidade profissional, e reivindicaram especialmente, além das competências técnicas esperadas, as aptidões relacionais. Elas se dedicaram a ver o paciente acima da doença, o escutando plenamente, sem buscar identificar apenas o que poderia ser útil para o diagnóstico médico, e falavam sem o uso de jargão, escolhendo palavras simples que explicassem e tranquilizassem.[3]

Elas se dedicaram a ver o paciente acima da doença, o escutando plenamente, sem buscar identificar apenas o que poderia ser útil para o diagnóstico médico, e falavam sem o uso de jargão, escolhendo palavras simples que explicassem e tranquilizassem.

A função de auxiliar de enfermagem foi criada para ajudar as enfermeiras. As auxiliares trocavam as roupas dos pacientes e as roupas de cama sujas, ajudavam no banho dos acamados e distribuíam as refeições. Essas tarefas se assemelhavam àquelas a que as mulheres se dedicaram em casa. Conforme o mundo médico expandiu sua área de intervenção, foram criadas novas profissões que institucionalizaram tarefas femininas tradicionais, como o cuidado das crianças e das mulheres, e os trabalhos ligados à alimentação. Em uma organização da área da saúde que seguiu marcada pelo patriarcado, as mulheres passaram a ocupar majoritariamente essas profissões emergentes. Entre elas, estão as puericultoras, diplomadas a partir de 1947, as fonoaudiólogas, a partir de 1955, e ainda as nutricionistas, cuja profissão surgiu oficialmente em 1986.[4]

A farmácia se abriu às mulheres muito antes: as faculdades francesas permitiram que elas estudassem a partir de 1869. Porém, a profissão continuou elitista e as alunas compartilhavam a mesma origem burguesa e aristocrática que os professores. As pioneiras frequentemente tinham marido, pai ou irmão médico ou farmacêutico.

A farmácia há muito tempo foi considerada mais acessível às mulheres cultas e adaptada às limitações da vida familiar das mulheres burguesas. Assim, elas se tornaram comerciantes de remédios, subordinadas à receita médica, e ofereciam conselhos de saúde, concorrendo com as controversas herbolárias.

Nos anos 1990, dois terços dos farmacêuticos eram mulheres. Porém, ainda persistiam na profissão as desigualdades entre homens e mulheres. Além de receberem salário menor do que o dos colegas homens, elas também tinham condições de trabalho diferentes, pois serviam de assistentes mais frequentemente do que eles e raras vezes tinham acesso ao campo da pesquisa.[5]

Madeleine Brès, a primeira francesa a receber um diploma de medicina na França, em 1875, precisou de apoiadores influentes na família imperial e nos ministérios apenas para ser aceita no curso na faculdade de Paris. O externato foi proibido às estudantes até 1881, e muitas especialidades médicas, consideradas afastadas demais dos cuidados tradicionalmente associados às mulheres, foram retiradas de suas ementas.

Cada vez mais mulheres médicas

O corpo médico também passou a contar com cada vez mais mulheres. Elas acessaram o estudo da medicina relativamente cedo, a partir de 1868, mas se inscrever na faculdade não era tão simples, pois a cultura masculina e antifeminista era a norma. A profissão ainda parecia inadequada às mulheres, os estudos eram muito demorados e abstratos, e o exercício em si, pesado demais para elas, que também tinham de cumprir a função de donas de casa. Madeleine Brès, a primeira francesa a receber um diploma de medicina na França, em 1875, precisou de apoiadores influentes na família imperial e nos ministérios apenas para ser aceita no curso na faculdade de Paris. O externato foi proibido às estudantes até 1881, e muitas especialidades médicas, consideradas afastadas demais dos cuidados tradicionalmente associados às mulheres, foram retiradas de suas ementas.[6]

Ao longo de várias décadas, as médicas ainda eram poucas, mas ganharam espaço discretamente: em 1930, um quinto dos médicos era mulher,[7] e a tendência se acelerou no pós-guerra. Nos anos 1990, a proporção subiu para um terço.[8] Porém, para serem consideradas iguais a seus colegas, elas se dedicavam mais à formação, frequentemente abandonando a vida conjugal e familiar e acessando cargos menos prestigiosos e de menor salário que os dos homens, que, por sua vez, seguiam carreiras mais brilhantes. Elas adotaram valores e comportamentos mais "viris" para serem mais aceitas, ou sobrevalorizaram qualidades ditas "femininas" para reivindicar uma identidade e competências diferentes, apropriando-se da suposta "natureza" feminina para alegar uma aptidão maior que a dos homens para o cuidado das pessoas.[9]

Novas técnicas para entender o mundo vivo

Desde o final do século 19, os conhecimentos e as tecnologias médicas não pararam de se desenvolver. Em apenas um século e meio, a anatomia humana foi examinada em todos os sentidos graças às técnicas de imagem (ultrassom, raio X, tomografia, ressonância magnética etc.). A microbiologia e a genética, ciências do infinitamente minúsculo, ofereceram novas chaves para entender a vida. Os exames de sangue e de hormônios, as sorologias e as amostragens aprimoraram os diagnósticos. A causa das doenças não era mais procurada no desequilíbrio dos humores corporais, mas nas lesões observáveis nos órgãos e nos agentes microscópicos, vírus, bactérias, proteínas, genes, que desestabilizavam o funcionamento normal do organismo. O pensamento cartesiano contribuiu para representar o organismo como uma máquina viva, feita das mesmas engrenagens e dos mesmos fluidos independentemente do indivíduo. A medicina se padronizou.

Além dos diagnósticos, os tratamentos também recorriam às tecnologias científicas. As cirurgias e a anestesia se tornaram frequentes, conduzidas com tecnologia de ponta. Logo se tornou possível tratar a infertilidade e realizar fecundação fora do corpo dos pais. As terapias celulares e genéticas passaram a ser pesquisadas.

Tanto para doenças graves quanto para cotidianas, os remédios se tornaram tratamento de referência. Os preparos de plantas dos boticários e farmacêuticos de antigamente foram substituídos por comprimidos contendo os princípios ativos extraídos dos vegetais ou fabricados artificialmente em laboratório. Para determinada insuficiência hormonal, sua molécula antagonista. Para determinada dor, seu comprimido analgésico. Para determinada bactéria, seu antibiótico. Para tal epidemia, sua vacina. Os tratamentos atacavam as causas e os sintomas das patologias, enquanto os médicos tumorais e populares utilizavam tratamentos destinados a equilibrar, fortificar ou expurgar.

A causa das doenças não era mais procurada no desequilíbrio dos humores corporais, mas nas lesões observáveis nos órgãos e nos agentes microscópicos, vírus, bactérias, proteínas, genes, que desestabilizavam o funcionamento normal do organismo.

Tratamentos padronizados

Essa medicina foi amplamente aceita pela população, pois a mortalidade diminuiu, e várias doenças contagiosas foram erradicadas. As doenças recorrentes e os acidentes encontraram resposta rápida e eficiente. Com a força de seu renome, a medicina científica logo se impôs como a única capaz de produzir "verdadeiros" saberes, por observação da anatomia e dos sinais físicos das doenças, assim como pela experimentação de tratamentos. Para ser adotada, uma medicação devia provar estatisticamente sua utilidade e inocuidade: sendo testada em cortes de cobaias animais e, depois, humanas, de acordo com critérios estabelecidos pela comunidade de pesquisadores. Essa abordagem estatística supunha que as pessoas eram afetadas de modo equivalente e que era possível tratá-las de maneira similar. Foi uma ruptura com a abordagem individual da medicina hipocrática de antigamente, em que a composição dos remédios era adaptada ao indivíduo. Elaboradas nesse contexto, as medicinas populares e paralelas se apoiavam em outras representações do corpo, da doença e dos remédios. Assim, as autoridades consideraram que não poderiam ser chamadas de "medicina" nem reivindicar "saberes", noção que se tornaria sinônimo de "verdade" científica.[10] Na opinião dos médicos, as preces conjuradoras das "avós" ou as visões de espíritos curandeiros das médiuns revelavam "crenças", isto é, falsos saberes, pensamentos e práticas irracionais, pois não eram verificáveis. Para as ciências humanas e sociais, por outro lado, a medicina científica era considerada uma medicina dentre outras: foi chamada de "biomedicina" por sua afiliação à biologia, à física e à química. Às vezes, também era chamada de medicina "ocidental" para identificar sua base geográfica e cultural. Ou de medicina "moderna", para situá-la na história.

Essa oposição entre saberes e crenças se instaurou progressivamente nas mentalidades. Era cada vez mais comum aceitar que a "razão" e a ciência deveriam substituir a religião em diversos campos, especialmente da educação e do cuidado. Em 1905, a lei de separação da Igreja e do Estado traduziu esse projeto de sociedade governada pela verdade, pela racionalidade e pela liberdade de pensamento. A modernização que começara nas cidades no século anterior chegou ao campo. As duas guerras mundiais causaram uma grande mistura social entre os contextos rural e urbano. No entreguerras, a eletricidade, a água encanada e o gás chegaram ao campo, e a agricultura se mecanizou. A vida dos camponeses era cada vez menos ligada aos ritmos da natureza e do cosmo. No pós-guerra, vários camponeses deixaram o interior para trabalhar nas cidades, enquanto o turismo abriu o campo para os moradores dos centros urbanos. Nesse contexto, a relação das pessoas com a saúde e com os modos de se tratar mudou. A saúde se tornou preocupação primordial,[11] sendo também um modo de se localizar na "modernidade" e no "progresso". Ao relegar à crença tudo o que vinha das medicinas populares, o corpo médico desacreditou um conjunto de terapias e práticas. E, de modo geral, os curandeiros e as curandeiras apareceram como vestígios de um passado findo e obscurantista.

As medicinas populares se modernizam

As indicações das curandeiras

No seio das famílias, as mulheres continuaram sendo as cuidadoras primárias. Elas administravam os cuidados cotidianos e avaliavam a necessidade de recorrer ao médico. Ainda apegadas à fé católica, continuaram a procurar as nascentes e capelas para rezar aos santos milagreiros, ou a chamar *rebouteux*, *faiseurs de secrets* ou curandeiras conjuradoras do sortilégio.[12] Entretanto, era preferível não falar disso em público, pois os "crentes" eram cada vez mais considerados retrógrados e marginais.[13]

Apesar dos preconceitos, os curandeiros e as curandeiras de melhor reputação continuaram trabalhando. O boca a boca gerava sua notoriedade: entre pais, amigos e pessoas de confiança, as indicações eram compartilhadas. Nos anos 1960 e 1970, em Charente-Maritime, e até em departamentos vizinhos, a "feiticeira de B.", como foi chamada, era uma atração local. Conta-se que essa curandeira era tão solicitada por seus poderes de cura e exorcismo que sua casa se destacava entre as outras devido à quantidade de bicicletas, mobiletes e carros que se aglomeravam todo dia no pátio e nas ruas ao redor.[14] Até hoje, ela suscita fascínio. Na mesma época, na casa de Mylène, na região de Vendée, a clientela se apinhava da manhã de segunda à noite de sexta, sem parar, para receber seus cuidados e comprar seus preparos de plantas. Um artigo em um jornal local espalhou seu renome a outros departamentos, e até outros países, a ponto de seus parentes ajudarem na triagem de correspondências e atendendo ao telefone. Os vizinhos tinham o costume de visitá-la para todo tipo de problema, do acidente doméstico às queimaduras e aos choques, de problemas de digestão das crianças às dores do reumatismo, passando por problemas de pele, especialmente verrugas e herpes-zóster. Aqueles que vinham de mais longe chegavam a ela quando outros recursos não traziam resultado. Câncer, doenças autoimunes e infertilidade encorajavam inúmeras pessoas a atravessar a França para consultá-la.[15]

Ao relegar à crença tudo o que vinha das medicinas populares, o corpo médico desacreditou um conjunto de terapias e práticas. E, de modo geral, os curandeiros e as curandeiras apareceram como vestígios de um passado findo e obscurantista.

A *importância do sagrado e do secreto*

Mylène começou sua atividade de curandeira quando se mudou para a casa do segundo marido. O primeiro, pai de seus três filhos, morreu durante a Primeira Guerra da Indochina. Ao iniciar sua nova vida, essa católica fervorosa começou a curar com as mãos, as preces e as plantas. Ela se instalou em uma das dependências da propriedade do novo esposo, um comerciante local que fez fortuna com a venda de móveis. Perto da construção havia uma gruta que lhe lembrava a de Lourdes, e ela decidiu construir acima da escavação um lugar à altura de sua ambição e de sua fé: uma capela espaçosa de arquitetura moderna, acessível por um canteiro de flores sempre bem cuidado. Mylène curava pelo toque no corpo, murmurando preces inaudíveis e rezando o terço. Deus, a Virgem Maria e os santos milagreiros provavelmente eram os aliados que a senhorinha invocava para aliviar e expulsar o mal.

Confeccionava tratamentos diferentes à base de plantas que vendia sob forma de infusão, tintura ou creme. Ela própria colhia, secava e cozinhava as ervas. Porém, logo o fluxo de pessoas na capela foi tamanho que ela precisou recrutar duas funcionárias. As plantas passaram a ser maceradas em enormes bacias de inox. Para guardar o segredo das receitas, Mylène esperava que suas assistentes fossem embora para preparar as misturas sozinha. Elas precisavam, em seguida, apenas cobrir a mistura com água ou álcool, filtrá-la algumas semanas depois e engarrafá-las.

Mylène curava pelo toque no corpo, murmurando preces inaudíveis e rezando o terço. Deus, a Virgem Maria e os santos milagreiros provavelmente eram os aliados que a senhorinha invocava para aliviar e expulsar o mal.

A *radiestesia e suas frequências vibratórias*

Mylène também utilizava técnicas radiestésicas para diagnosticar. A senhora baixa de vestido impecável e cabelo castanho trançado pedia que os clientes ficassem diante dela, ao redor de uma mesa. Decidida, ela os convidava a apoiar a mão direita na superfície e a cobria com uma pequena barra curva de cobre, que lembrava uma estaca de barraca. Placas anatômicas eram dispostas na mesa. Em seguida, oscilava um pêndulo, às vezes acima da barra de cobre, que supostamente concentrava as vibrações corporais, e às vezes sobre as cartografias do corpo humano. Nesse vaivém, observava as perturbações ondulatórias do pêndulo quando o objeto passava sobre a figura de determinado órgão. Se fosse o caso, isso indicava que o mal-estar e a doença estavam ligados àquela parte do corpo. Por meio de passes magnéticos, Mylène trabalhava com o "reequilíbrio das ondas" do órgão ineficiente, para que o corpo retomasse uma vibração unificada. Ela também escolhia o remédio adaptado pela interpretação dos movimentos do pêndulo.

Alguns praticantes deste método, como Mylène, precisavam da presença física das pessoas para captar suas ondas energéticas. Outros afirmavam conseguir fazê-lo a distância, simplesmente tocando uma mecha de cabelo ou uma foto, ou até ouvindo a voz ao telefone. A radiestesia, assim como o magnetismo, funcionava de acordo com os princípios de correspondência simbólica e de contágio, já presentes na magia-feitiçaria das curandeiras medievais. De acordo com esses princípios, os radiestesistas diziam ver, no próprio corpo ou por meio dos instrumentos, as frequências vibratórias dos clientes, e afirmavam, assim, modificar e restabelecer os movimentos ondulatórios para curá-los.[16]

Por meio de passes magnéticos, Mylène trabalhava com o "reequilíbrio das ondas" do órgão ineficiente, para que o corpo retomasse uma vibração unificada.

De onde vinha essa nova técnica misteriosa? A radiestesia foi inspirada na arte ancestral de encontrar nascentes com varetas de veleiro que oscilavam ao se aproximar de veios de água subterrânea. A radiestesia para fins médicos surgiu no início do século 20 com os padres radiestesistas. O abade Bouly (1865-1958) dominava a arte das varetas com fins terapêuticos e supostamente deu nome à técnica em 1926. Ele tinha a reputação de milagreiro.

Nos anos 1930, o abade Mermet publicou um manual pioneiro, *Méthode de radiesthésie*. Nele, explicava que os órgãos saudáveis emitiam "radiações" diferentes dos órgãos doentes: o pêndulo se tornou ferramenta de diagnóstico. Ao passar o pêndulo sobre o corpo, ele oscilava na mesma onda do corpo. Ao sobrevoar uma área doente, a oscilação era perturbada. Certos médicos logo se interessaram e, por um tempo, se dedicaram a firmar a radiestesia como prática médica. Eles criaram a Associação dos Amigos da Radiestesia, que reuniu figuras notáveis, como padres pioneiros e cientistas eminentes. Alguns médicos desenvolveram técnicas específicas, como a reflexoterapia, e outros se destacaram na publicação de manuais. Uma seção propriamente médica se constituiu ao redor de um grupo de praticantes mulheres. Os farmacêuticos da homeopatia também se interessaram. A radiestesia médica pouco a pouco se firmou como ciência, com instituições próprias.[17] Ela se baseava no postulado filosófico do vitalismo, que afirma que o mundo não é composto apenas de fenômenos físicos ou químicos, mas animado por um princípio vital. As ondas seriam uma manifestação, dentre outras. Porém, as ciências dominantes do século 20 privilegiaram a doutrina cartesiana, oposta ao vitalismo. Nos anos 1960, certos médicos e físicos demonstraram seu ceticismo. Estudos científicos refutaram os princípios e as técnicas da radiestesia.[18] As autoridades eruditas a identificaram na categoria desqualificada de "paraciência" ou "pseudociência". A história do surgimento e do declínio da radiestesia no âmbito médico lembra a do magnetismo animal de Mesmer.

A radiestesia, assim como o magnetismo, funcionava de acordo com os princípios de correspondência simbólica e de contágio, já presentes na magia-feitiçaria das curandeiras medievais.

Um imaginário do progresso

Desacreditados e aos poucos abandonados pelos médicos, a radiestesia e o magnetismo continuaram, contudo, a existir à margem da medicina oficial. Sendo técnicas acessíveis por formação e treinamento, não necessitavam de dom. A partir daí, a imposição das mãos não servia mais apenas para conjurar males, mas também para redistribuir o fluido magnético, rebatizado de "energia". O toque benfeitor era feito onde o pêndulo detectava desarmonias, carências ou excessos energéticos. As "energias", "ondas" e "vibrações" do corpo despertavam um imaginário de progresso, evocando as descobertas tecnológicas como a eletricidade ou a radiofonia.[19] E daí que a época de glória da radiestesia e do magnetismo tinha acabado no âmbito médico? A história ofereceu uma segunda chance a eles: curandeiras e curandeiros se apropriaram dessas técnicas, o que lhes conferiu certa aura científica, muito valorizada em uma época onde esses terapeutas eram vistos como sobreviventes de um mundo passado.

Enquanto os direitos das mulheres mal começavam a ser reconhecidos, Mylène, a "feiticeira de B.", e outras curandeiras se afiguravam como mulheres fortes e independentes. Seu trabalho garantia renda pessoal relevante, em dinheiro ou permuta. Elas adquiriram certo prestígio, medido pelos rumores que espalhavam seu sucesso terapêutico. Prestígio que, sem dúvida, não teriam ao ocupar um cargo mais comum. Muito apegadas à religião católica, essas crentes se vestiam de virtude e, ao mesmo tempo, se afastavam da Igreja. Mylène não criou, afinal, um local de culto onde era a sacerdotisa, apesar de o sacerdócio católico ainda ser proibido às mulheres? Não foi uma dessas mulheres que pretendia estabelecer vínculo direto com Deus e seus santos? Mylène se emancipou dos freios religiosos para redefini-los e exercer uma atividade de acordo com seus valores. Pessoa livre, não participou especialmente dos movimentos feministas católicos que, na época, lutavam contra o antifeminismo na Igreja. Esses movimentos que defendiam os valores católicos se recusavam a se associar às correntes feministas laicas que agitaram o século 20.[20] Mylène, por sua vez, encontrou sua emancipação no trabalho de curandeira.

O surgimento das medicinas complementares, alternativas e paralelas

Terapeutas da contracultura

Ghislaine era um tipo de curandeira um pouco diferente.[21] Ela começou sua atividade em uma cidadezinha do sudoeste francês em meados dos anos 1980, após se demitir do trabalho de secretária. Com 40 anos, cabelo loiro descolorido em corte escovinha, usava roupas descombinadas e bijuterias grandes. Para o povo da cidade pequena e tranquila na qual se estabeleceu, foi um choque. Na placa de sua casa, escreveu que era iridologista. Isso também causou confusão. Algumas pessoas a consultaram, em geral graças ao boca a boca, para tratar de dor nas costas, enxaqueca, dificuldades de digestão, angústia ou ainda depressão. As consultas eram marcadas e os preços, expostos na sala de espera.

Ghislaine escutava as queixas dos pacientes sem deixar de olhá-los, antes de mergulhar no exame minucioso de suas íris. Ela utilizava uma grande lupa iluminada, suspensa por um pé móvel, como aquela das bordadeiras. Atentamente, avaliava as cores, as manchas e os relevos através do vidro ampliador e comparava com desenhos que representavam os olhos, atravessados por linhas e separados em zonas coloridas com legendas. As íris, assim cartografadas, propunham correspondências entre as partes diferentes de cada olho e os membros, os órgãos e os sistemas circulatórios do corpo. A reflexologia podal e a auriculoterapia seguiam a mesma lógica: tudo encontrava paralelo em tudo! Na íris, na planta do pé ou nos sulcos das orelhas se desenhava toda a complexidade do corpo. Nos olhos das pessoas, Ghislaine identificava as falhas anatômicas, sistêmicas ou orgânicas. Isso oferecia indícios da origem do problema: um cliente poderia se queixar de uma lombalgia, enquanto as manchas na íris, por sua vez, apontavam para um problema no intestino grosso, no útero ou na altura de uma vértebra.

Ghislaine escolheu aprender a iridologia pois era uma técnica de cuidado "natural". Não envolvia nenhuma tecnologia intrusiva, nem química farmacêutica agressiva. Para tratar, essa iridologista recorria a técnicas de massagem inspiradas no shiatsu, imposições energéticas das mãos oriundas do reiki, procedimentos psicoterapêuticos e complementos alimentares à base de plantas.

Ghislaine era o que, nas décadas de 1960 e 1970, chamavam de praticante de medicina "alternativa", em contraste com a biomedicina. Esse termo englobava uma enorme diversidade de métodos terapêuticos, como a naturopatia, a homeopatia, a fitoterapia, a acupuntura, o reiki, a sofrologia, as massagens ayurvédicas, a ioga, a meditação, o neoxamanismo... As medicinas complementares insistiam nas qualidades supostamente menos invasivas e menos "nocivas" de seus cuidados, em comparação com os tratamentos alopáticos propostos pela biomedicina. Qualificar uma medicina como "alternativa" implicava posicioná-la na contracultura, integrando a saúde em um estilo de vida que rompia com as sociedades industriais. As ideologias discordantes da época denunciavam os limites da biomedicina e aspiravam acessar "outra coisa" em questão de cuidado, além de outros aspectos. Falar de "medicina paralela" era insistir em sua diferença às vezes irredutível para o que fundou a biomedicina.[22]

Na íris, na planta do pé ou nos sulcos das orelhas se desenhava toda a complexidade do corpo.

Desvios da medicalização

Intelectuais como Ivan Illich (*A expropriação da saúde*, 1975) ou Michel Foucault (*Nascimento da biopolítica*, curso no Collège de France em 1979) denunciaram os desvios da medicalização na sociedade. O sistema de saúde e o pensamento médico foram acusados de se entregar voluntariamente ao serviço do capitalismo e do liberalismo, transformando o doente em consumidor de tratamentos e em dócil subordinado. O povo teria perdido o conhecimento para se tratar, pois seria agora dependente dos profissionais de saúde. Desconfiava-se de que o Estado governava a população por intermédio de políticas de saúde que influenciavam a conduta individual em direção à cultura do "risco mínimo".

As instituições científicas e biomédicas se viram, então, no centro de escândalos midiáticos: a epidemia da "vaca louca", o caso do remédio Mediator e o do "sangue contaminado" despertaram desconfiança e suspeita. Os hospitais se transformaram em espaços de transmissão de doenças, enquanto os tratamentos propostos lá eram acusados de agredir o corpo. Ao mesmo tempo, os movimentos estudantis, anarquista, feminista, laicos e ecologistas pleiteavam uma sociedade emancipada do patriarcado social, da economia capitalista e das políticas neoliberais. A ambição era dar aos indivíduos uma liberdade verdadeira de pensamento e ação, respeitando seus corpos, seu sexo, seu gênero, sua fé e o meio ambiente.

New Age *e autocura*

Vindo dos Estados Unidos, o movimento contracultural *New Age* chegou à França na década de 1970 e também favoreceu o desenvolvimento de "outras" medicinas. Em seu rastro se desenhou um mosaico de crenças e práticas. Com razão: no pensamento *New Age*, o florescimento do coletivo e a chegada do novo mundo passariam pela cura e pela transformação individuais. Todos deveriam se esforçar para curar suas feridas interiores e harmonizar seu ser nos planos físico, psicológico, relacional e também energético e espiritual. As medicinas populares ocidentais, as filosofias e medicinas eruditas orientais, os xamanismos, os processos paracientíficos (magnetismo, mediunidade) eram privilegiados, pois se baseavam em concepções holísticas do ser, segundo as quais o corpo e o espírito se reconciliariam e participariam do movimento do cosmo.[23] Seguindo essa via, as pessoas desenvolveriam capacidades de autocura e também habilidades psíquicas e metafísicas que possibilitariam a evolução da humanidade.

Nos anos 1970, diferentes comunidades *New Age* se formaram pela Europa e pelo mundo. Ao fim dos anos 1980, entretanto, o movimento se dispersou, deixando para trás uma vasta névoa de crenças e práticas alternativas, ligadas à religião, à alimentação, ao estilo de vida, ao consumo e aos cuidados.[24]

A *explosão de "outras" medicinas*

Em oposição à hegemonia biomédica, e ainda mais ao sistema político e econômico vigente, o pluralismo terapêutico se expandiu e diversificou. Essas "outras" medicinas invadiram a cena pública. A imprensa, os livros e a mídia transmitiam uma abundância de benefícios de tal remédio de avó ou de outro tal método de relaxamento. A população francesa mostrou uma verdadeira mania por esses cuidados excêntricos. Nos anos 1980, metade dos franceses já tinha recorrido a uma "outra" medicina que não a biomédica. Os praticantes eram cada vez mais numerosos, fosse exercendo a naturopatia, a acupuntura, a homeopatia, a mesoterapia, a fitoterapia, a osteopatia, a massagem ayurvédica, a ioga, a meditação, fosse ainda o qigong, para mencionar apenas algumas especialidades. Fazer uma massagem ayurvédica para relaxar o corpo, usar agulhas de acupuntura para restabelecer as energias, regular as dores por hipnose e angústias por sofrologia... Essas abordagens deveriam considerar o "terreno" de cada um, a "natureza" individual, ou seja, sua constituição, seus antecedentes, suas patologias e suas especificidades energéticas. Esses terapeutas consideravam tais métodos manuais e psicocorporais mais "naturais" e adequados para agir no equilíbrio do organismo. Não rejeitavam os saberes anatômicos e fisiopatológicos da biomedicina, mas os reinterpretavam pelo prisma de leituras holísticas do corpo e da saúde.

Alguns praticantes eram profissionais da saúde que ampliavam suas práticas terapêuticas. Outros eram pessoas em transição de carreira. A maioria arriscou, em algum momento, ser acusada de exercício ilegal da medicina. Não havia estatística oficial que os recenseasse, e seus status e suas atividades normalmente não eram reconhecidos.[25] Portanto, era difícil saber, como em épocas precedentes, a proporção de mulheres curandeiras. Entretanto, os testemunhos mostrariam que elas participavam ativamente do desenvolvimento dessas novas medicinas.

Cuidado pela natureza

A atração pelo natural era um forte componente dos movimentos contraculturais dos anos 1970. Vários jovens utópicos promoveram um "retorno à terra", e foi assim que o campo apareceu como espaço de possibilidades, antítese da poluição urbana e industrial. O rural foi terreno de experimentação de outros modos de vida, educação, consumo e cuidado. A alimentação e os remédios naturais, pilares das medicinas populares das antigas curandeiras, se impuseram como vanguarda da medicina do futuro.[26]

Nos anos 1970, Josy tinha pouco mais de 20 anos: ela foi da França para a América do Norte, onde experimentou estilos de vida alternativos.[27] Lá, se formou em naturopatia, uma medicina alternativa pouco conhecida na França. Ao voltar ao país natal, nos anos 1990, abriu uma mercearia orgânica com seu companheiro em uma região rural. Vendia legumes, as poucas plantas secas autorizadas por lei, elixires alcoólicos e óleos essenciais, que embrulhava em sacos biodegradáveis.

Na época, era vista com curiosidade pelos que a cercavam: "Essa loja não surgiu à toa, é minha vida! Sempre estive envolvida com o orgânico, com a ecologia... Quando nos mudamos, o povo tinha medo da gente. Usavam todo tipo de adjetivo... Achavam que a gente era de uma seita. Os médicos do bairro diziam que eu agia como uma bruxa! Precisávamos ser persistentes, explicar o que a gente fazia. Afinal, é importante comer de modo equilibrado e produtos de qualidade".

O corpo, um ecossistema frágil

Todos os métodos naturais denunciavam os efeitos nocivos de uma alimentação de má qualidade, excessiva ou carente. Josy dava exemplos: "Na menopausa, por exemplo, comer açúcar faz muito mal, porque esquenta o corpo e estimula as ondas de calor. A carne vermelha, por sua vez, tende a irritar o intestino". A crítica, porém, se dirigia principalmente à comida industrializada: "É preciso acabar com todos os poluentes, todos os alergênicos que fragilizam nosso sistema imunológico. O câncer frequentemente tem relação com os metais pesados. Tem disso para todo lado! Tem alumínio no pão, por exemplo! O açúcar é muito acidificante, e a gente consome demais, especialmente sem saber, porque, hoje, a maioria dos produtos alimentícios tem adição de açúcar".

Na menopausa, por exemplo, comer açúcar faz muito mal, porque esquenta o corpo e estimula as ondas de calor.

O corpo é um ecossistema frágil. Os remédios naturais, tomados em forma de infusão ou ampolas, mas também em pó ou comprimidos de visual mais moderno, ajudavam o corpo a se reequilibrar. Esse princípio terapêutico era diferente da abordagem alopática, cujo princípio era lutar contra os sintomas negativos ou os agentes patogênicos. Os jejuns, as dietas e os tratamentos à base de plantas eram terapias fundamentais nas medicinas alternativas. A ideia era regular o corpo, desintoxicar e estimular a capacidade de autocura. Depurar e reforçar. Era o objetivo ao qual já respondiam a nutrição e a medicina populares das mulheres-dos-remédios de antigamente.

> ### A natureza e a fertilidade consagradas de novo
>
> No pensamento *New Age*, a Terra é personificada e consagrada. Ela é Gaia, a primeira deusa gerada por Caos na mitologia grega, entre mãe acolhedora e deusa rebelde capaz de fazer ressurgir o caos primordial. É também Pachamama, deusa que representa a Mãe Terra na cosmologia andina herdada da civilização inca. É a criação, a fertilidade e os cataclismas. É ela que acolhe, que divide e alimenta, que cuida e também resiste aos ataques de seus filhos ainda indisciplinados. Essa figura do panteão *New Age* reativou os estereótipos femininos ligados à maternidade e à natureza indomada das mulheres. Apesar de não possibilitar uma saída dessas atribuições, deu a elas um valor positivo e se opôs, assim, ao cristianismo, religião feita por e para os homens.

No universo das medicinas complementares, a natureza é o recurso. Podem-se captar boas energias ou evacuar as ruins. Passear na mata, tocar árvores, meditar sobre uma pedra, tomar banho de sol ou de mar para atrair quietude e serenidade. As fontes e nascentes voltaram a ser valorizadas pelas virtudes medicinais de suas águas. Retornaram os princípios de correspondência e contágio entre seres, animais, vegetais e minerais: inúmeros elementos naturais foram dotados de poderes que tratavam e poderiam ser transferidos por contato com uma pessoa doente ou vulnerável.

A partir desse momento, esses poderes se expressavam na linguagem moderna: eram "energias", "vibrações" e "comprimentos de onda" específicos, úteis para harmonizar os desequilíbrios internos dos seres humanos.[28] As fórmulas que antigamente acompanhavam a magia-feitiçaria foram, aos poucos, substituídas por outras palavras.

Globalização das práticas

No rastro do movimento *New Age*, vários sistemas terapêuticos e religiosos extraocidentais foram *implementados* na Europa. O fenômeno se acelerou com a globalização.[29] O budismo, o hinduísmo e o taoismo abriram o caminho das experiências extáticas por meditação, ioga ou qigong. Os xamanismos também foram introduzidos no Ocidente, e europeus viajaram à Sibéria ou às Américas em busca dos xamãs.

Os jejuns, as dietas e os tratamentos à base de plantas eram terapias fundamentais nas medicinas alternativas. A ideia era regular o corpo, desintoxicar e estimular a capacidade de autocura. Depurar e reforçar. Era o objetivo ao qual já respondiam a nutrição e a medicina populares das mulheres-dos--remédios de antigamente.

Para responder às necessidades europeias, essas tradições foram adaptadas. Nos antigos xamanismos, por exemplo, as viagens para mundos sutis e invisíveis eram conduzidas pelos próprios xamãs: para proteger suas comunidades, harmonizavam as forças em jogo e iam em busca de conhecimentos úteis para o grupo, sua proteção e a cura de seus membros.

Nos neoxamanismos, popularizados nos anos 1960 pelo antropólogo estadunidense Michael Harner (autor de O *caminho do xamã*), o neoxamã conduzia o transe de um círculo de participantes que desejava acessar uma compreensão melhor de si e do mundo.[30] Esse tipo de adaptação também pode ser observado na ayurveda, a medicina ancestral indiana cujo nome significa, em sânscrito, "conhecimento da vida e da longevidade". O método se baseou em textos milenares considerados sagrados, os *Veda*. É uma medicina holística que visa ao equilíbrio de três *doshas*, princípios comparáveis aos humores da medicina hipocrática. No contexto ocidental, a terapia ayurvédica é frequentemente separada dos tratamentos medicinais feitos de misturas complexas de plantas, minerais e substâncias animais. Os praticantes e seus clientes privilegiam as massagens e a ioga.[31]

A ioga é uma prática terapêutica e espiritual que acompanha a saúde, no sentido ayurvédico do termo. Também possibilita se libertar do ciclo de reencarnação. Ao longo dos séculos 19 e 20, instaurou-se no Ocidente, mas suas raízes religiosas e filosóficas foram adulteradas: tornou-se uma espécie de treinamento corporal, um método para liberar emoções e tratar dores, assim como uma via de acesso a uma espiritualidade individual e sem dogma.[32]

As dificuldades da vida ou as doenças eram ocasiões para se conectar com o invisível, tentar entender por que esses problemas ocorrem e como viver com eles.

Já a meditação budista originalmente exigia um ascetismo rígido e o respeito aos rituais. O objetivo era o esquecimento de si, mais do que o bem-estar, mas, no Ocidente, se tornou um método de relaxamento e alívio do estresse, grande mal da época.[33]

Esses métodos terapêutico-espirituais gozavam de grande sucesso na constelação de medicinas alternativas, especialmente por sua ancestralidade e seu exotismo. Revigoraram o mito do velho sábio e do bom selvagem. E não importava que fossem mera ilusão. E daí que o que pegaram emprestado das filosofias e medicinas ancestrais e de outros lugares fosse apenas aculturação e apropriação? O importante era a sensação de autenticidade, confiança e bem-estar que causavam em um contexto em que acusavam a medicina, e até a sociedade, de ceder ao canto da sereia da modernidade, da artificialidade e da hiper-racionalização.[34]

Uma espiritualidade universal

A maioria das práticas terapêuticas utilizadas nas "outras" medicinas abarcava uma abertura para o campo espiritual. Com inspiração no *New Age*, algumas crenças se elaboraram pelo cruzamento de influências ocidentais e de outros lugares.

A terapeuta Ghislaine recorria à espiritualidade em seus tratamentos. Ela atendia em sua casinha geminada, de fácil acesso no centro do povoado. Na sala, o cheiro de umidade das pedras antigas se misturava ao do incenso indiano. O ambiente era ao mesmo tempo kitsch e esotérico. A luz era indireta, escapando de luminárias com cúpula escura e velinhas de réchaud dispostas em copos de vidro. Nas prateleiras e na escrivaninha se acumulava uma variedade de objetos excêntricos empoeirados. Penas, um crucifixo, uma estatueta de Buda, um terço, um ícone, cristais de diferentes formas e cores, um buquê de flores secas, caligrafias árabes, imagens de divindades hindus, uma estátua de plástico da Virgem Maria contendo água de Lourdes. Uma mistureba mágico-religiosa sem pé nem cabeça.

Contudo, para Ghislaine, todos os objetos simbolizavam seu vínculo íntimo e profundo com o invisível e o sagrado, vínculo que ela alimentava ao se distanciar das regras religiosas aprendidas no catequismo da infância. Essa mulher madura não delimitava fronteiras nítidas entre as diferentes doutrinas mágicas e religiosas; construía passarelas entre elas. A espiritualidade desenvolvida na névoa de crenças e cuidados alternativos se apresentava como universal: o encontro irredutível de todas as religiões e filosofias do mundo, de sua essência comum. A vida espiritual se elaborava especialmente ao longo de leituras e experiências místicas pessoais, frequentemente conduzidas por outros guias ou terapeutas, em centros, oficinas ou retiros organizados. Assim, cada um moldaria os componentes da própria espiritualidade.

Uma das clientes de Ghislaine, que a consultou devido a uma dor nas costas, relatou que, após uma massagem, a terapeuta explicou que ela carregava muito peso emocional nos ombros, vindo das relações familiares, do qual deveria se livrar. Porém, naquele dia, também acrescentou, com o olhar distante, como se escutasse do invisível: "Me disseram que você é uma alma muito antiga, reencarnada inúmeras vezes. Você ainda carrega o peso de acontecimentos de muitas de suas vidas anteriores".[35]

As curandeiras e os curandeiros como Ghislaine cultivavam no cotidiano esse vínculo com o invisível, especialmente porque consideravam a necessidade de conexão com o universo, a fonte ou o divino para a cura. Muitos deles relatavam ter a assistência de guias sobrenaturais, anjos, ancestrais ou deuses para exercer atividades de cuidado. Escutavam ou visualizavam mensagens destinadas a aliviar a alma e o corpo.

Influências ocultistas, esotéricas e orientalistas antigas

O pensamento *New Age* se inspirou nos textos dos ocultistas, esoteristas e orientalistas do século anterior. Allan Kardec, assim, convidava à comunicação com os espíritos para ajudar os humanos e preparar o mundo que estava por vir. A influência da médium ucraniana Helena Petrovna Blavatsky (1831-1891), que conhecia Kardec, também

> é marcante. Em suas obras célebres, *Ísis sem véu* (1877) e *A doutrina secreta* (1888), a fundadora da Sociedade Teosófica propôs uma leitura peculiar das ciências, dos fenômenos ocultos ocidentais e das filosofias e religiões orientais. Para ela, todos esses conhecimentos e todas as sabedorias do mundo convergiriam entre si na direção de uma única mensagem de amor e fraternidade. Dedicava-se o culto a uma divindade feminina, única e universal, criadora de toda a vida. Essa crença, que admitia também a noção de reencarnação, se expressou com força na corrente *New Age*. O movimento também manteve, da obra do gnóstico orientalista René Guénon (1886-1951), a nova ideia de que o divino não seria externo às almas, mas habitaria em todos, uma ideia revolucionária em relação às religiões dominantes.[36]

Clariaudiência e visões terapêuticas, crença em reencarnação, relação com entidades sobrenaturais: Ghislaine, sem saber, tinha vários traços em comum com as sonâmbulas e médiuns do século 19.

Por meio das emoções, era o corpo que validava o que o mental não conseguia aprovar racionalmente. Era uma espiritualidade que se vivia, que reencantava o cotidiano, lhe concedia sentido, propondo modos de agir sobre ele. E abrindo a possibilidade de escapar à vontade.

Uma espiritualidade que se vive

A sensação de saúde e o sentimento religioso estão intimamente ligados. Na verdade, embora o sistema de saúde francês se baseie na medicina científica, o princípio da laicidade garante aos pacientes o acesso a capelas ecumênicas e representantes de diferentes fés nos hospitais. A necessidade de espiritualidade é sempre atual quando ocorrem o nascimento, a doença ou a morte.

À margem das grandes religiões, os curandeiros e as curandeiras também permitiram que as pessoas se ligassem ao sagrado quando buscavam uma abertura à espiritualidade e ao invisível para compreender o que lhes acontecia e acompanhar suas buscas pela cura. Os terapeutas, assim, eram mediadores do invisível, entregando informações mediúnicas ou guiando viagens introspectivas.

Os participantes tiravam dali mensagens para sua própria busca existencial ou espiritual. As dificuldades da vida ou as doenças eram ocasiões para se conectar com o invisível, tentar entender por que esses problemas ocorrem e como viver com eles. Nesses momentos específicos, em estado de consciência alterada, as emoções poderiam ser extremamente fortes e catárticas. Para alguns, isso provava a importância da vida interior e a existência de mundos paralelos. Por meio das emoções, era o corpo que validava o que o mental não conseguia aprovar racionalmente.[37] Era uma espiritualidade que se vivia, que reencantava o cotidiano, lhe concedia sentido, propondo modos de agir sobre ele. E abrindo a possibilidade de escapar à vontade.

> **A saúde pelo autoconhecimento: volta às origens**
>
> Uma das inspirações do *New Age* foi Rudolf Steiner (1861-1925). Antigo teósofo, ele abandonou o círculo da sra. Blavatsky para fundar a Sociedade Antroposófica no início do século 20. Misturando ciência e espiritualidade,

elaborou novos modelos de educação (as escolas Steiner), de agricultura (o que inspirou a biodinâmica) e de medicina, chamada de antroposófica, que alegou ser mais "humanizada". Essa medicina, sem refutar a medicina dominante, se ofereceu como contraponto: afirmava a origem psicossomática dos males e dava grande importância ao autoconhecimento, às emoções e à espiritualidade para remediá-los. Revigorando o interesse pelos remédios naturais, ela se reconectou com a teoria das assinaturas que estabelecia ligações entre os seres humanos, as substâncias medicinais e o cosmo. Essas terapias se aproximavam da homeopatia do dr. Hahnemann (1755-1843), que pretendia estimular, por processos vitalistas, as capacidades de autocura do corpo, assim como os elixires florais do dr. Bach (1886-1936), confeccionados para equilibrar as paixões humanas.[38]

Uma abordagem global

A autorrealização foi importante no movimento *New Age* dos anos 1970, especialmente porque era condição para a mudança social desejada. Uma das obras centrais do movimento, *A conspiração aquariana* (1980), escrita pela autora e psicóloga americana Marilyn Ferguson, anunciou a passagem do planeta de uma era astrológica a outra, isto é, da constelação de Peixes à de Aquário. Essa passagem seria acompanhada, de acordo com a autora, por uma mudança de paradigma para a humanidade e pela chegada de uma sociedade utópica. Para que esse mundo chegasse, todos deveriam trabalhar no aperfeiçoamento de si e na plena realização de seu potencial físico, psíquico e espiritual. As experiências místicas e de estados de consciência alterada, a psicologia e a psicanálise eram ferramentas importantes para acompanhar as buscas individuais. Quando as comunidades *New Age* se dispersaram, nos anos 1990, a empreitada do desenvolvimento pessoal seguiu presente na sociedade, mas de modo mais difuso, a partir de uma abordagem mais individual do que coletiva.[39] O desenvolvimento pessoal passou a ser, então, sustentado pelos meios da psicologia e da gestão de empresas.[40] De modo menos visível, os curandeiros e as curandeiras também se apropriaram dessas técnicas para ampliar e atualizar suas práticas.

Ser "você mesmo"

A primazia progressiva da psicologia na constelação de cuidados alternativos se enraizou nos Estados Unidos. A partir dos anos 1950, surgiu uma corrente chamada "psicologia humanista", pregada por psicólogos como Carl Rogers e Abraham Maslow. Eles defendiam uma abordagem global do ser humano, apoiada na ideia de um "potencial" imenso contido em cada indivíduo, mas frequentemente impedido pelas emoções, pelos traumas e pelas crenças. A ação psicoterapêutica consistiria, então, em identificar os freios que impediriam alguém de ser "ele mesmo" e então mobilizar no cotidiano as ferramentas de realização. As emoções, as sensações e as manifestações corporais seriam expressões e vias de acesso ao "eu autêntico".[41]

Nos anos 1970, essa corrente deu origem à psicologia cognitiva e, nos anos 1990, às terapias cognitivo-comportamentais (TCC), cujas inovações progrediriam no ritmo das descobertas das ciências neurológicas.

Pouco a pouco, a "cultura psi" e a do "desenvolvimento pessoal" se difundiram na sociedade dos Estados Unidos e, em seguida, na europeia. Sua popularidade se deveu especialmente ao fato de se dirigirem principalmente a pessoas sem transtornos psíquicos graves, mas que aspiravam ao bem-estar.[42] A multiplicação de métodos de terapias breves suscitou vocações no campo das medicinas complementares e alternativas: terapeutas começaram a se formar para atender à demanda. O acompanhamento terapêutico nesse sentido é voluntariamente curto (poucas sessões) e tem como objetivo neutralizar os sentimentos de mal-estar, estresse ou angústia, ao contrário de outras terapias longas, como a psicanálise, que têm a intenção de verbalizar os males e investigar acontecimentos traumáticos.

Falar dos sofrimentos

Ghislaine, certificada em iridologia, também se formou em massagem do bem-estar e em "visualização criativa", técnica que usava a imaginação para modificar a percepção negativa de um acontecimento ou de uma relação. Certo dia, uma de suas clientes solicitou seus serviços para remediar um estado de fadiga que se tornara crônico.[43] Ghislaine, cujo olhar aguçado, sem maquiagem, era cercado de pequenas rugas, não parou de olhar a cliente e a escutou atentamente falar de seu trabalho em restauração. Ela examinou suas íris, observando suas irregularidades através da lupa, e consultou seus mapas. Ela identificou uma anomalia ginecológica, certamente no útero. As lágrimas encheram os olhos da cliente: ela havia sofrido um aborto espontâneo poucos meses antes. Ghislaine propôs tentar neutralizar a culpa e a tristeza que ela sentia. Pediu que a cliente se deitasse de bruços e a massageou com óleo canforado. O corpo relaxou aos poucos. Em seguida, a terapeuta propôs que ela se virasse, fechasse os olhos e se deixasse guiar por sua voz. Ghislaine começou tentando acalmar a respiração da jovem com alguns exercícios. As inspirações e expirações foram se alongando aos poucos. Ela apoiou uma mão quente e firme no plexo da cliente, e a outra mão no baixo-ventre. Ocorreu à curandeira a ideia de criar uma espécie de ritual de adeus à criança que alimentara as fantasias de maternidade por algumas semanas. Primeiro, a segurança. Ela sabia do poder da visualização e convidou a jovem, ainda de olhos fechados e respiração lenta, a se imaginar em um lugar agradável, que poderia ser um jardim ou uma salinha aconchegante com lareira acesa. A jovem se imaginou em um jardim cruzado por um riacho. Ghislaine a encorajou a explorar o ambiente nos mínimos detalhes e a observar as sensações suaves que aquele lugar interno lhe causava. Os reflexos cintilantes da água corrente, o verde dos brotos nos arbustos, o frescor delicioso sob o salgueiro, o desenho das raízes aparentes que enchiam a terra. Em seguida, pediu a ela que fizesse aparecer um belo balão branco preso por um fio dourado em sua mão esquerda. O balão balançava ao vento, e a jovem deveria segurá-lo com força para impedir que voasse. Era uma cena bonita. Finalmente, Ghislaine, com a voz baixa, explicou que o balão representava a alma que se encarnara, pelo tempo de uma curta vida uterina, no corpo da jovem. Esta última podia ser agradecida pelo acolhimento que proporcionara, mas deveria também entender que a alma tinha seu próprio caminho a seguir. O plexo da mulher se ergueu de emoção, mas ela continuou de olhos fechados. Ghislaine continuou até a mulher soltar a respiração outra vez. A alma estava pronta para partir, esperava apenas que a jovem soltasse o fio que prendia o balão. Lágrimas brilhavam no canto das pálpebras fechadas. A curandeira finalmente encorajou a jovem a abrir a mão esquerda e deixar escapar o fio dourado. Ela o fez com um soluço irreprimível de alívio.

A moda das medicinas complementares e alternativas revelou os limites do cuidado médico, que hoje se tornou mais protocolar e limitado pelo tempo. As relações de confiança estabelecidas ao longo do tempo com os médicos de família frequentemente deram lugar a consultas cada vez mais rápidas e padronizadas. Por outro lado, as sessões de medicina alternativa costumam durar mais de uma hora. O tempo dedicado e a qualidade da escuta ajudam a falar de todos os sofrimentos com menos contenção. Falar de todos os males, quaisquer que sejam, e aliviá-los pelo corpo, pelos sentidos e pela palavra está no cerne dos cuidados dos praticantes de métodos alternativos.

A moda das medicinas complementares e alternativas revelou os limites do cuidado médico, que hoje se tornou mais protocolar e limitado pelo tempo.

Os pacientes são abordados de modo global e singular. Para isso, os terapeutas escolhem e combinam criteriosamente métodos corporais, massagens, relaxamentos ou sofrologia, técnicas de gestão emocional (visualização, auto-hipnose, cinesiologia), práticas de tratamento energético, como a reflexologia e o reiki, e também práticas espirituais (meditação, orações). Como diz Alice, uma jovem massagista formada em métodos tailandeses: "Pouco importa que as técnicas de cuidado pareçam vir de qualquer lugar, pois são 'portas de entrada' diferentes para acessar o cuidado. Às vezes, uma porta não funciona com determinada pessoa, então você usa outra e vê que abre, e que algo finalmente se libera naquela pessoa".[44]

Cuidados que emancipam?

No nascer do século 21, o desenvolvimento pessoal tem um sucesso controverso: os projetos utópicos dos anos 1970 parecem ter dado lugar a um verdadeiro mercado do bem-estar.[45] O bem-estar se tornou um valor, até mesmo um indicador social. O objetivo é se sentir bem, pessoalmente, consigo, na família e no trabalho. Nossa época valoriza, ou até mesmo obriga, a autorrealização e o sucesso social. A depressão ameaça aqueles que não conseguem encarnar esse modelo. Mais do que às condições sociais, econômicas, sanitárias e políticas, imputamos os acidentes de percurso e o mal-estar à responsabilidade individual, exclusivamente: como se dependesse apenas do indivíduo fazer o necessário para ser feliz e bem-sucedido.[46] Os métodos de desenvolvimento pessoal surgem, então, como ferramentas pertinentes que servem a essa norma de sucesso social desenfreado. Ferramentas para tomar as escolhas "certas" a caminho da resiliência e da satisfação.[47] Para ser uma boa mãe, um bom funcionário, um bom companheiro, uma boa patroa...

Considerando isso, alguns terapeutas alternativos se mantêm vigilantes para não ceder à tentação de participar do lucrativo mercado do bem-estar que emana da economia neoliberal dominante. Ao contrário, tentam levar as pessoas ao verdadeiro "autocuidado":[48] considerar com elas não apenas os problemas íntimos que as impedem de ser felizes, mas também os fatores externos, como condições de vida ruins em casa ou no trabalho, ou ainda os diversos fatores culturais, sociais, políticos e econômicos que atravessam o cotidiano.[49] E, com essa consciência, ajudar nas escolhas para se conformar ao espelho oferecido pela sociedade ou tentar desenvolver outros modos de ser no mundo.

Como diz Alice, uma jovem massagista formada em métodos tailandeses: "Pouco importa que as técnicas de cuidado pareçam vir de qualquer lugar, pois são 'portas de entrada' diferentes para acessar o cuidado. Às vezes, uma porta não funciona com determinada pessoa, então você usa outra e vê que abre, e que algo finalmente se libera naquela pessoa".

Medicinas no feminino?

Alimentar e curar, limpar as feridas do corpo e da alma, proteger a vida... Por séculos, essas tarefas foram delegadas às mulheres devido à sua "natureza". Rotinas femininas invisíveis, banalizadas quando cumpridas na intimidade do lar familiar. E pouco reconhecidas, ou tratadas como um "trabalho sujo", nos estabelecimentos de cuidado, porque não tratavam de saberes técnicos, mas de competências relacionais.[50]

* * *

Exaustas da subordinação a um poder médico masculino, as profissionais de saúde, médicas, enfermeiras e parteiras de primeira linha se dedicam a valorizar sua experiência prática e de vida. São mais mulheres do que homens[51] que propõem técnicas de cuidado complementares e alternativas: homeopatia, acupuntura, mesoterapia... Suas histórias de vida, o sentido que dão ao trabalho, o desejo de cuidar, de limitar o uso de medicação: tudo isso as motiva a se voltarem para outras medicinas e criar pontes com a biomedicina. Não é a primeira vez na história das cuidadoras que elas servem de mediadoras entre culturas de cuidado eruditas e profanas. Desta vez, porém, a questão é reencantar a medicina e devolver a ela certa humanização.[52]

Além das profissionais de saúde, muitas mulheres, vindas de horizontes e setores diversos, decidiram mudar de vida e se voltar para o exercício das medicinas complementares e alternativas, apesar da marginalidade desse tipo de trabalho. Essas transições de carreira são motivadas pela vontade de exercer uma atividade em que veem sentido e valor.

> **Não é a primeira vez na história das cuidadoras que elas servem de mediadoras entre culturas de cuidado eruditas e profanas. Desta vez, porém, a questão é reencantar a medicina e devolver a ela certa humanização.**

Tanto que as medicinas alternativas surgiram ao mesmo tempo que os movimentos feministas dos anos 1960 e 1970. Se as convergências concretas entre feminismos e medicinas complementares e alternativas são difíceis de formalizar, os ideais de emancipação das mulheres, revalorização do feminino e humanização dos cuidados são compartilhados. Entretanto, do lado feminista, a ênfase se dá na obtenção da igualdade de direitos e da liberdade das mulheres para fazer uso do próprio corpo. Do lado da constelação de outras medicinas, não há movimento político estruturado, mas uma aspiração a fazer surgir uma sociedade utópica, igualitária, assim como cuidados e espiritualidades que respeitem o feminino.[53]

Inverter o estigma

Assim, as medicinas e técnicas de cuidado chamadas de "naturais" evocam, na verdade, competências antigamente reconhecidas como pertencentes às cuidadoras e curandeiras. Trata-se de tocar o corpo, massagear, fazer curativos ou preparar refeições saudáveis e remédios eficazes. O retorno à terra é também um retorno às medicinas populares; acarreta um novo olhar sobre os conhecimentos das curandeiras de antigamente. Essas mulheres, sempre relegadas a sua natureza inferior, acabam por figurar como "boas selvagens", pessoas próximas da natureza que detêm conhecimentos autênticos. Os "remédios de avó" e "truques de senhoras" ganharam sua honra: tornaram-se sabedorias, preceitos a seguir para curar pessoas e o mundo. A escuta, a empatia, a capacidade de se relacionar, a intuição: todas são qualidades necessárias para acompanhar os indivíduos nas empreitadas de desenvolvimento pessoal. As capacidades de clarividência e clariaudiência abrem as portas do invisível. Também aí surge a questão das capacidades associadas à "natureza" das mulheres. Por séculos, foram vistas pelos homens como sensíveis aos demônios, bons ou ruins, aos anjos ou ao divino, aos espíritos dos mortos ou às entidades sobrenaturais. A partir daí, as curandeiras reivindicaram aptidões particulares de "sentir energias" ou "entidades", manipulá-las e agir sobre elas. Enfim, as medicinas complementares e alternativas oferecem abertura a uma espiritualidade e uma mitologia que revalorizam o feminino, por muito tempo reprovado pelas religiões dominantes. Dentre outras divindades, Gaia, a Mãe Terra, é uma metáfora do poder da vida e do cuidado. Mesmo que essa figura não possibilite realmente o fim dos estereótipos de gênero, oferece às novas curandeiras, e às mulheres em geral, uma imagem do sagrado mais respeitosa perante elas e com a qual podem, finalmente, se elevar.

Os "remédios de avó" e "truques de senhoras" ganharam sua honra: tornaram-se sabedorias, preceitos a seguir para curar pessoas e o mundo.

No final do século 20, as curandeiras valorizaram sua suposta "natureza" e inverteram o estigma ao reivindicar certa proximidade com a natureza, saberes sobre o corpo e as artes da cura, e conexões privilegiadas com o invisível... Essa tendência vai se afirmar quando se aproxima a terceira onda feminista, de apropriação feminina de novas faces de sua história.

SÉCULO 21

A VINGANÇA DAS CURANDEIRAS?

Na alvorada do século 21, as medicinas complementares e alternativas fizeram um sucesso sem precedentes. Porém, as pessoas que as praticavam ainda eram pouco conhecidas. Essas abordagens terapêuticas atraíram cada vez mais cuidadores na França, entre médicos — que seriam mais de 6 mil no exercício de alguma medicina "alternativa" autorizada[1] —, enfermeiros, auxiliares, parteiras, massagistas cinesioterapeutas e farmacêuticos.[2] Os métodos também continuaram a ser muito praticados por terapeutas sem formação médica ou paramédica, que adquiriram o conhecimento em formações particulares ou por experiência prática.

Enquanto isso, a França, assim como Espanha, Portugal e Itália, defendia um sistema de saúde baseado na medicina científica. A partir dos anos 2000, todos os métodos de cuidado que fugissem aos critérios foram considerados "não convencionais", quaisquer que fossem. Uma definição negativa sustentada pela ideia de que esses cuidados não são legítimos, nem sérios, nem cientificamente comprovados, nem tão inofensivos assim, nem eficazes... e que, por esses motivos, não poderiam ser autorizados.[3]

Cuidadoras sob vigilância

Suspeitas de desvios terapêuticos sectários

Em 2002, o Estado adotou uma instância interministerial de vigilância e luta contra os desvios sectários, a missão da Miviludes.* Os praticantes de cuidados não convencionais poderiam ser considerados possíveis manipuladores, pois potencialmente seriam portas de entrada para organizações sectárias. Certas práticas místicas ou psicoterapêuticas inspiradas no *New Age* são constantemente denunciadas.[4] Qualificadas como "desvios terapêuticos", favorecendo a adesão a outros modos de pensar, acreditar e tratar, seriam um primeiro passo para o estado de sujeição mental, ruptura com os arredores e envolvimento sectário. Entre os métodos mais arriscados de acordo com a Miviludes estão: EMDR, reiki, cinesiologia, neoxamanismos com ou sem consumo de substâncias psicotrópicas, tratamentos de reequilíbrio energético...

Desde o princípio, a Miviludes colaborou com os conselhos de enfermagem e de medicina. Para os médicos, a questão não é apenas proteger os pacientes vítimas de seitas, mas também fortalecer a luta contra o exercício ilegal da profissão médica, ao denunciar os terapeutas de ações suspeitas. Ao mesmo tempo, a federação de psicólogos e psicoterapeutas alertou os poderes públicos sobre certos terapeutas não convencionais que invadiram sua área de atividade e sobre os riscos de manipulação e envolvimento sectário.

É um panorama sombrio. Para as curandeiras entrevistadas, é difícil se reconhecer nesse clima de desconfiança perante as práticas não convencionais. Suas ferramentas de trabalho, como a hipnose, a visualização e a meditação de consciência plena, na opinião delas, têm função de libertar seus pacientes do mal-estar cotidiano. São técnicas que possibilitam que as pessoas vivam experiências psicocorporais específicas, visando

---

* Miviludes é um acrônimo para a expressão francesa que significa Missão Interministerial de Acompanhamento e Combate a Desvios Sectários, um órgão do governo fundado em 2002 e que tem o objetivo de acompanhar seitas religiosas ou políticas que possam violar a lei. [N. E.]

a um conhecimento melhor de si, à liberação de emoções ou de hábitos negativos, à aceitação dos efeitos de uma doença ou de um tratamento pesado ou, ainda, à sensação de bem-estar. A incursão na "esfera psi" se limitaria, assim, a oferecer meios para gerir melhor as emoções cotidianas. Porém, há aí um risco: que essas pessoas queiram endossar seu papel de psicólogas e psicanalistas. Elas abriram a porta das angústias e da depressão, mas não aceitariam consultar profissionais de saúde mental, ainda associados ao tratamento da loucura ou de transtornos graves. Quando o problema é o bem-estar psicológico, a fronteira entre um profissional de saúde e um terapeuta não convencional pode ser tênue.

Ética e deontologia dos terapeutas

Jade é uma mulher jovem, com uma história complicada, que busca nas novas curandeiras recursos para viver com maior serenidade.[5] Ela realizou um trabalho de longo prazo com uma dessas terapeutas, que sempre encontrava as palavras corretas para descrever o que ela sentia, para tranquilizá-la e lhe dar dicas para enfrentar seus problemas. Jade se abriu muito sobre acontecimentos íntimos da infância, difíceis de suportar.

Ao longo das sessões, Jade se sentiu cada vez mais dependente daqueles conceitos... e profundamente traída quando a terapeuta declarou subitamente, sem preâmbulo, que não podia mais atendê-la. Tal interrupção brusca de tratamento é inconcebível entre psicólogos formados. Para evitar essas armadilhas, seria melhor as curandeiras procurarem mais formação e esclarecerem as condições do acompanhamento, ainda mais quando lidam com emoções íntimas e abalam a carapaça psicológica. A falta de um documento ético formal para terapeutas de abordagens psicocorporais é lamentável. Regras importantes, como o respeito ao sigilo profissional, deveriam estar concretamente formuladas.

Contudo, isso não significa que todas as curandeiras trabalhem sem envolvimento moral. Muitas delas impõem duas regras fundamentais: a primeira é não interferir com tratamentos biomédicos. A segunda é não criar relações de dependência. As médiuns entrevistadas concordam com uma coisa: aprenderam a refrear as necessidades desesperadas

das famílias em luto, com demanda excessiva de comunicação com seus mortos.

Essas situações humanas são difíceis de gerenciar, especialmente porque as novas curandeiras frequentemente se veem isoladas, uma vez que trabalham como profissionais liberais. Entretanto, a reflexão coletiva e a formação possibilitariam a troca sobre casos difíceis, a melhora da prática, a precisão da ética, a explicação da especificidade dos cuidados e a defesa da complementaridade com outras profissões.

Sob ameaça de denúncia

As curandeiras entrevistadas não estão todas serenas diante do que às vezes percebem como uma nova "caça às bruxas". As acusações de manipulação sectária ou de charlatanismo e as denúncias aos conselhos profissionais pesam sobre elas. Elas temem, a qualquer momento, que vizinhos mal-intencionados, clientes insatisfeitos, concorrentes ou médicos incomodados denunciem seu pequeno empreendimento.

Alice é uma jovem "massagista de bem-estar" que se formou na Tailândia, em um centro dedicado à massagem tradicional. Em seguida, ela se instalou em um consultório em uma vila turística perto de onde mora. A delegação local do conselho de massagistas-cinesioterapeutas a convocou e a ameaçou de queixa no tribunal caso não interrompesse suas atividades, pois a considerava um risco à saúde física de seus clientes e uma praticante ilegal da profissão... Alice precisou modificar seu serviço e tomar cuidado com a divulgação: não falar de "medicina" tailandesa nem de "massagens" para não criar mal-entendidos. Os processos judiciais são relativamente raros, especialmente devido à imprecisão jurídica e à popularidade dessas terapias. Ainda assim, as terapeutas independentes têm a impressão de correr risco constante.

Do outro lado, mesmo que sob ameaça de suspeita de exercício ilegal ou até mesmo de desvio sectário, certas profissionais de saúde praticam também métodos não convencionais quando sentem a necessidade de seus pacientes. Uma auxiliar de enfermagem em cuidados paliativos é chamada discretamente para fazer passes de reiki ou exercícios de sofrologia e acalmar um moribundo angustiado pela partida iminente ao além. Uma enfermeira "retira o fogo" de uma pessoa que sofreu queimaduras graves, ou uma psicóloga recomenda florais de Bach para uma paciente traumatizada.[6] Essas mulheres, além das penas judiciais, arriscam receber medidas severas de seus empregadores e dos conselhos profissionais. Porém, elas resistem, especialmente quando apoiadas pelos colegas.

Uma auxiliar de enfermagem em cuidados paliativos é chamada discretamente para fazer passes de reiki ou exercícios de sofrologia e acalmar um moribundo angustiado pela partida iminente ao além.

Desacreditar as práticas de todas as curandeiras é desconhecer os cuidados que elas propõem, muitos dos quais podem coexistir com a abordagem médica e psicoterapêutica. Afinal, não há sociedade alguma em que exista uma única forma de cuidado. Uma multiplicidade de possibilidades coexiste em todo lugar,[7] e a França não é exceção, mesmo que o pluralismo continue à margem da lei.

A medicina integrativa

Há pouco tempo, começou-se a falar de medicina "integrativa", que idealmente aliaria os saberes e as terapias para tratar as pessoas de modo global e humanizado. Seria um caminho para a reconciliação e a convivência serena entre medicinas eruditas e profanas? Que espaço se abre para as curandeiras nesse projeto?

A OMS recomenda a integração de medicinas complementares cientificamente aprovadas

No início dos anos 2000, a Organização Mundial da Saúde (OMS) publicou um primeiro relatório sobre medicinas "tradicionais": o trabalho apontou a importância de avaliar cientificamente a eficácia e inocuidade dessas medicinas presentes em regiões do mundo onde faltam serviços biomédicos de saúde. O relatório também destaca que, em países com sistema de saúde mais desenvolvido, as populações recorrem cada vez mais às medicinas "paralelas". Em um segundo relatório, a OMS qualificou essas medicinas como "complementares", indicando a coexistência de diferentes abordagens terapêuticas em regiões variadas do mundo, seja na Europa, na América do Norte ou na Oceania.

A desconfiança suscitada por tratamentos alopáticos e o desejo de se beneficiar de um atendimento mais individualizado e humanizado motivam os pacientes a consultar cuidadores de diversas terapias. Nessas regiões, as doenças crônicas afetam muita gente, e as pessoas atingidas por elas são as primeiras a complementar o tratamento com outras soluções terapêuticas. Considerando a situação, a OMS recomenda que os Estados implementem políticas integrativas, a fim de favorecer o acesso a métodos terapêuticos diversos que tenham sido testados e aprovados pela ciência.[8]

A difícil avaliação das outras medicinas

Na França, ainda estamos começando a avaliar as medicinas "complementares": que terapias são eficazes e seguras e que terapeutas estão autorizados a praticá-las? E o pagamento? O Ministério da Saúde e o

Conselho de Saúde Pública batizaram esses métodos de "intervenções não medicamentosas" e encomendaram análises.[9] Entre as aproximadamente quatrocentas técnicas que compõem a galáxia de medicinas complementares, apenas uma parte foi testada: entre elas, a acupuntura, a meditação de consciência plena, a hipnose, o tai chi e a homeopatia. E apenas para indicações terapêuticas específicas: aliviar enxaquecas, combater a obesidade, reduzir riscos cardiovasculares, diminuir a insônia... Esse é um modelo de validação baseado na cultura biomédica e no princípio de "medicina baseada em evidências".[10] Em paralelo, algumas fichas de informação, editadas pelo Ministério da Saúde, foram disponibilizadas na internet para informar sobre terapias como a mesoterapia, o jejum terapêutico ou a acupuntura. A invalidação científica ou a validade parcial dos métodos, assim como o risco de interferência com tratamentos biomédicos, são destacados constantemente.

Porém, os métodos de avaliação não são unanimidade entre os terapeutas. Érica, por exemplo, exerce com paixão a medicina tradicional chinesa há pouco menos de dez anos.[11] Ela se espantou com o método de avaliação que, segundo ela, não é adaptado à sua disciplina. Sua formação dá muita importância aos fundamentos filosóficos taoístas dessa medicina ancestral e holística. Ela considera espantoso querer avaliar a acupuntura para problemas de saúde formulados em termos biomédicos. Aprendemos com Érica que na medicina chinesa um mesmo sintoma, como uma dificuldade respiratória, pode ter diferentes causas energéticas. Pode se tratar de uma falta de *qi*, a energia primordial, na altura do baço. Esse órgão, associado ao elemento terra, é considerado aquele que fornece vitalidade ao pulmão (de elemento metal). Se ele estiver fraco, não pode alimentá-lo adequadamente. Porém, a dificuldade respiratória também ser fruto de um excesso de *qi* na altura do coração (elemento fogo). Esse órgão domina o pulmão: se o primeiro estiver forte demais, o segundo se enfraquece. As perguntas feitas aos pacientes, a aferição da frequência cardíaca, a textura e a cor da língua possibilitam determinar o diagnóstico em um ou outro sentido. Assim, o que se trata não é o problema pulmonar em si, mas um desequilíbrio energético particular, que exige uma regulação por estímulo de diferentes pontos sensíveis, conectados aos órgãos por linhas invisíveis chamadas meridianos, pelas quais circula o *qi*. As agulhas de acupuntura, a pressão manual ou o uso de *moxa* (bastões incandescentes de artemísia) em pontos cuidadosamente selecionados de acordo com a situação possibilitam reequilibrar as energias. Portanto, testar um protocolo padronizado para remediar um sintoma específico parece incompatível com os princípios da medicina chinesa. Entretanto, essa é a condição essencial para legitimar o tratamento na França.

Há pouco tempo, começou-se a falar de medicina "integrativa", que idealmente aliaria os saberes e as terapias para tratar as pessoas de modo global e humanizado. Seria um caminho para a reconciliação e a convivência serena entre medicinas eruditas e profanas?

A inadequação dos métodos de avaliação científica é indicada por outras abordagens terapêuticas, especialmente aquelas que se apoiam em princípios energéticos ou vitalistas, como a ayurveda ou a homeopatia. Ademais, a avaliação e a integração de métodos não convencionais de cuidado frequentemente parecem incompletas aos olhos dos terapeutas: para serem aprovadas e propostas pelo sistema de saúde, é preciso que a eficácia das práticas seja comprovada cientificamente, mas também que se elimine a dimensão espiritual. Por exemplo, a meditação de consciência plena só pôde entrar no hospital após comprovar cientificamente seus benefícios... e também se desligar das raízes budistas.[12] Ora, mas é também essa conexão com o invisível e o sagrado que os doentes buscam ao recorrer às medicinas alternativas.

Hoje em dia, outras vias são exploradas para tentar criar pontes entre as medicinas. Assim, Érica tem especial interesse na medicina quântica, que, de acordo com suas leituras e certas mídias, serviria de convergência para o conjunto de medicinas, filosofias e espiritualidades do mundo. A teoria quântica admite os conceitos de energia, ondas, relações de correspondência e influências recíprocas à distância entre os elementos que compõem partículas infinitesimalmente pequenas. Seria uma linguagem científica para explicar ao mesmo tempo a medicina chinesa, a ayurveda, a medicina antroposófica e o xamanismo? Os físicos, contudo, acusam as "pseudociências" de querer extrapolar os conhecimentos parciais e complexos da quântica.[13] O debate continua.

Há também as neurociências e as imagens médicas, que poderiam, talvez, criar novas convergências entre a medicina oficial e as práticas psicocorporais e espirituais. Alguns raros pesquisadores usam eletrodos no crânio de cobaias humanas para registrar a atividade cerebral em estados de consciência alterada por meditação ou transe xamânico. Os estudos ainda estão acontecendo.

Uma medicina integrativa que exclui inúmeras curandeiras

Qual é o lugar das curandeiras nessa medicina integrativa incipiente? Do ponto de vista da lei francesa, apenas aquelas que detêm um título de profissional de saúde (médicas, parteiras, massagistas-cinesioterapeutas e enfermeiras) podem exercer uma das quatro "orientações médicas" autorizadas (e parcialmente reembolsadas): a acupuntura, a homeopatia, a mesoterapia e a osteopatia. Cada vez mais, elas se formam nos poucos outros métodos ensinados em cursos universitários opcionais. Elas trabalham como profissionais liberais ou participam dos raros projetos experimentais conduzidos por equipes hospitalares no campo das doenças crônicas, dos cuidados paliativos e da obstetrícia.[14] Há também o caso das esteticistas, que podem oferecer massagens de conforto, se formadas nessa especialização, sem serem incomodadas.

Fora esses perfis, não há nenhum reconhecimento ou vínculo ao sistema de saúde autorizado àquelas que dedicam a atividade cotidiana ao exercício de cuidados não convencionais. Se essas curandeiras morassem na Alemanha, poderiam se candidatar ao status de *Heilpraktiker* ("praticante de saúde") e ser reconhecidas como profissionais de saúde não biomédica. Elas seriam sujeitas a provas e ao registro de atividades. Na França, a categorização de terapeutas sem título que exercem métodos não biomédicos segue sujeita a fortes controvérsias, apesar dos paradoxos que poderia solucionar.[15]

De acordo com as práticas que exercem, as curandeiras têm consciência de que seu reconhecimento não acontecerá tão cedo. O caso das osteopatas é referência na França. A osteopatia inicialmente foi considerada uma medicina não convencional, apesar de exercida principalmente por médicos e cinesioterapeutas. Estes trabalharam coletivamente para formar sindicatos, federações de terapeutas, cursos, protocolos de avaliação... Como resultado, a osteopatia se tornou uma profissão reconhecida e independente a partir da lei de saúde de 4 de março de 2002. O título de osteopata não é reservado apenas aos profissionais de saúde: é acessível a quem seguir a formação e for aprovado nas avaliações. Para que uma "outra" medicina e seus praticantes sejam plenamente reconhecidos, há processos obrigatórios. Em comparação, o título de herbolário ainda não foi reabilitado, apesar das mobilizações coletivas. Em 2008, um decreto autorizou a venda livre de uma lista de 148 plantas consideradas "permitidas", mas a lei ainda garantiu o monopólio da receita aos farmacêuticos. A luta continua por meio dos sindicatos de agricultores-colhedores de plantas medicinais. Ao longo dos anos 2010, dois relatórios do Senado tentaram, em vão, reabilitar a fitoterapia.

Apenas aquelas que detêm um título de profissional de saúde (médicas, parteiras, massagistas-cinesioterapeutas e enfermeiras) podem exercer uma das quatro "orientações médicas" autorizadas (e parcialmente reembolsadas): a acupuntura, a homeopatia, a mesoterapia e a osteopatia.

Assim, a medicina integrativa dá seus primeiros passos, integrando apenas parcialmente os saberes das curandeiras, excluindo a espiritualidade e a magia, e conservando somente os elementos aprovados pela ciência. Frequentemente, a prática é autorizada apenas para quem tem título de profissional de saúde, e em condições particulares. As outras curandeiras continuam à margem... Seu reconhecimento, contudo, ainda se dá em outro nível, do encontro e da experiência positiva das pessoas que se beneficiam de seus cuidados.

Para uma mesma prática, categorias ambíguas

Uma mesma prática, como a acupuntura, hoje pode ser considerada legítima se conduzida por uma médica, e não convencional se conduzida por uma não médica.[16] Érica trabalha em um consultório de acupuntura de boa reputação no centro de uma cidade grande. Ela lamenta que seu status e sua atividade não sejam reconhecidos e que não possa colaborar com o mundo médico, apesar de dispor de formação e experiência sólidas: "Mesmo que já faça quase sete anos que trabalho como acupunturista, não é possível criar vínculos com o hospital, por exemplo. Como não sou médica, minha prática de acupuntura não é reconhecida, enquanto, se eu fosse, seria considerada uma orientação médica! Não consideram o fato de eu ter estudado medicina chinesa por anos, de ter praticado na China em serviços especializados... Alguns médicos acupunturistas não têm formações tão densas em teoria e prática e são reconhecidos com ou sem aprofundamento dos estudos. Já nós, não". A terapeuta mal disfarça a raiva ao abordar essas questões. Ela indica as contradições de um sistema de saúde que não soube integrar numerosos terapeutas que não correspondem ao modelo oficial. Por enquanto, Érica oferece tratamento apesar do medo de processos que poderiam obrigá-la a interromper a atividade, a pagar 30 mil euros de multa e a sofrer um ano de reclusão. Apesar de as penas serem raras, Érica escolheu se vincular a um sindicato que defende os interesses de acupunturistas não médicos. O órgão poderia protegê-la em caso de ataque da justiça, mas, acima de tudo, trabalha pelo reconhecimento da profissão de acupunturista na França.

Terapeutas que participam da revolução do feminino

A volta das bruxas, musas do ecofeminismo

Há muitos anos, a figura da bruxa parece voltar com força ao espaço público ocidental. Em filmes, livros, revistas e sites, ela encarna a imagem de uma mulher independente, poderosa, social e sexualmente livre.[17] Semelhante à feiticeira descrita pelo historiador Jules Michelet no século 19, ela está próxima da natureza e se preocupa com certa harmonia entre os seres: é uma curandeira e maga dos tempos modernos, e também uma musa do ecofeminismo.

Foi nos Estados Unidos que o ecofeminismo começou a se difundir. Contudo, a mulher que criou o termo "ecofeminismo" é francesa: Françoise d'Eaubonne (1920-2005), cofundadora do Mouvement de Libération des Femmes (Movimento pela Liberação das Mulheres), publicou em 1974 um ensaio pioneiro intitulado *Le Féminisme ou la mort*, no qual afirma que, sem um impulso humanista e uma mudança profunda da sociedade, estaríamos destinados à destruição. Ela militava por outros modos de subsistência, pela desaceleração econômica e por um controle do crescimento demográfico por meio da contracepção das mulheres.[18]

Em 1976, a universitária Xavière Gauthier criou a revista *Sorcières*, na qual escritoras, professoras e artistas publicavam textos literários sobre os elos íntimos que uniam as mulheres e a natureza.[19] A revista, porém, perdeu fôlego no início dos anos 1980, enquanto as ideias de Françoise d'Eaubonne, talvez vanguardistas demais, tinham dificuldade de germinar entre os movimentos feministas franceses.

Esses movimentos estão ocupados com a luta pela obtenção de novos direitos políticos e sociais, pela independência material e pela liberdade sexual e reprodutiva das mulheres. É a hora de denunciar e desconstruir a visão ainda muito difundida das mulheres como inteiramente moldadas por uma natureza que se opõe à cultura e ao masculino. Por se reproduzirem, as mulheres são limitadas ao ventre; por aspirarem à liberdade, são submetidas a seu sexo; por não serem homens, não podem mostrar intelecto ou ambição, e a intuição feminina que lhes atribuem ainda é considerada uma forma primária, até primal, de inteligência.[20] Nessa perspectiva, pensar em feminismo e ecologia em conjunto não parece tão prioritário, pois o combate se situa precisamente em um distanciamento da natureza. Nessa luta, os médicos são aliados privilegiados da libertação feminina: denunciam os perigos de gestações seguidas e de abortos clandestinos, sendo que têm a capacidade técnica de propor com segurança a contracepção eficiente e o interrompimento de gestações.[21]

Ao final dos anos 1860, a feminista Matilda Joslyn Gage revisitou as histórias de caça às bruxas no final da Idade Média, revelando-as em *Woman, Church and State* (1893) sob a perspectiva de um feminicídio organizado pelas autoridades religiosas e políticas. Reivindicando-se bruxa, ela denunciou o cristianismo patriarcal e militou por uma sociedade estadunidense mais igualitária para as mulheres e outras minorias.

Ela inspirou, mais de um século depois, as ativistas do Women's International Terrorist Conspiracy from Hell [WITCH, Conspiração Terrorista Internacional das Mulheres do Inferno], que, fantasiadas de bruxas demoníacas, enfeitiçaram o sistema financeiro mundial: seriam suas danças e seus cantos em frente à Bolsa de Nova York que teriam feito as ações caírem em diversos momentos no Halloween de 1968?[22]

No final do século 20, nos Estados Unidos balançados pelos movimentos contraculturais, a bruxa encarnou a emancipação das mulheres, seu poder de dispor do próprio corpo e a luta feminista contra o capitalismo patriarcal. Esse cenário é emblemático de uma ideologia política altermundialista, espiritualista e ecológica.

Nos anos 1970 se desenvolveu notavelmente a wicca, apelidada de "velha religião" por se inspirar nos paganismos pré-cristãos. Trata-se de uma religião de organização não hierárquica e sem dogma fixo. Ela cultua uma divindade feminina, a Deusa, que simboliza as forças de criação, destruição e regeneração da natureza. Enquanto a Igreja reserva as práticas rituais aos homens consagrados, a wicca encoraja rituais mágicos sagrados conduzidos por homens e mulheres. As festas do calendário celta foram reinventadas para celebrar os ciclos da natureza e honrar a terra e a fertilidade dos seres.[23]

Por se reproduzirem, as mulheres são limitadas ao ventre; por aspirarem à liberdade, são submetidas a seu sexo; por não serem homens, não podem mostrar intelecto ou ambição, e a intuição feminina que lhes atribuem ainda é considerada uma forma primária, até primal, de inteligência.

Um dos ramos desse movimento religioso desenvolveu uma sensibilidade especial pela revalorização do feminino e pela proteção do meio ambiente. Para a carismática bruxa autoproclamada Starhawk, a bruxaria wicca surgiu como caminho político e espiritual ideal para mudar o mundo. Ela é um ponto de convergência possível entre as lutas pelo direito das mulheres e a ecologia, dois campos que considera submetidos aos mesmos problemas de dominação e exploração pelo capitalismo patriarcal.[24] Magia, arte e ativismo político estão no cerne dessa religião wicca feminista promovida por Starhawk em obras emblemáticas como *A dança cósmica das feiticeiras* (1979) ou *Dreaming the Dark* (1982). Starhawk apela para "um poder interno", um poder que cria, restaura, une, resiste e cura. A magia é uma poesia que permite pensar e concretizar esse ideal: tornar-se feiticeira possibilita mudar o sentido e o destino do que nos cerca e nos redefinir.[25]

A terceira onda feminista: a revolução dos corpos

Duas leis importantes para as mulheres a respeito da contracepção (Lei Neuwirth, 1967) e da interrupção voluntária da gravidez (Lei Veil, 1975) foram vitórias francesas das lutas feministas com apoio dos médicos. Outras correntes, enquanto isso, denunciaram a dominação médica e política dos corpos femininos resultante dessas medidas.[26] A contracepção médica as obrigou a consultas regulares de "controle e renovação", pois o tratamento não tem venda liberada. Os hormônios tomados por anos são acusados de causar danos à saúde das mulheres e ao meio ambiente. O parto se tornou cada vez mais medicalizado e enquadrado por políticas sanitárias. Militantes se envolveram em um movimento de humanização desse momento que antigamente estava no cerne da convivência e da solidariedade feminina, preferindo métodos naturais e promovendo um novo olhar sobre o corpo das mulheres, por e para as mulheres em si.[27]

No princípio do século 21, as feministas chamadas de diferencialistas (que desejam estabelecer as diferenças naturais entre homens e mulheres) e as ecofeministas transmitiram essas mensagens. Elas reconheciam, evidentemente, a luta das feministas do pós-guerra. A onda poderosa de emancipação que se seguiu a essa luta possibilitou uma progressão na igualdade de direitos. Porém, para essas feministas contemporâneas, o reconhecimento da especificidade do corpo feminino ainda não foi alcançado. Para serem iguais aos homens, as mulheres deveriam abrir mão de seu corpo, hormônios, menstruação, gravidez, emoções, instintos? Corpos que, apesar da igualdade de direitos adquirida pela luta das suas ancestrais, continuam a sofrer ofensas e violências, na rua e no trabalho, até nas salas de parto e na intimidade do lar. Corpos que devem ser protegidos de um sistema capitalista e patriarcal, segundo as ecofeministas, que explora os mais vulneráveis e destrói os espaços naturais. O conjunto desses discursos delineou a atual terceira onda feminista, a da revolução dos corpos.[28] A questão é encorajar o reconhecimento e o respeito ao corpo das mulheres. Não para recuar e reatribuir as mulheres apenas ao lado da natureza, mas para iniciar um conjunto de transformações: sentir de outro modo o corpo, compartilhar a experiência, apropriar-se do conhecimento médico e reconectar-se com saberes antigos ou vindos de outras culturas. Além de se voltar para outros modos de consumir, morar, comer, educar, cuidar. Tornar-se um pouco bruxa.

A contracepção médica as obrigou a consultas regulares de "controle e renovação", pois o tratamento não tem venda liberada. Os hormônios tomados por anos são acusados de causar danos à saúde das mulheres e ao meio ambiente.

Na França, as revoluções feministas dos anos 1960-1970 foram principalmente laicas e aliadas ao corpo médico, e as terapeutas de medicinas complementares pareciam menos envolvidas na luta, mesmo que a maior parte delas tenha desenvolvido métodos terapêuticos e uma espiritualidade que celebrasse o feminino.[29] Esse momento, ainda assim, possibilitou o surgimento de posições mais firmes entre as terapeutas atuais.

Irina, energeticista e médium nos dias atuais, se define, por exemplo, como "bruxa moderna" e considera que sua atividade com mulheres consiste em "fazê-las desenvolver consciência da bruxa presente em cada uma".[30] Suas visões e seus cuidados energéticos orientam as clientes no caminho dos próprios desejos, delírios, criatividade, fertilidade e intuição. Enquanto Irina acompanhava cada vez mais mulheres no caminho das próprias aspirações — artistas, mães, empreendedoras —, fundou uma pequena escola de bruxaria.

Apesar de nem todas as curandeiras entrevistadas se dizerem feministas, todas ajudaram as mulheres a desabrocharem seus desejos profundos. Fosse por artes divinatórias, tratamentos manuais, fosse por abordagens psicocorporais, métodos energéticos... Para algumas delas, é o papel de uma bruxa dos dias de hoje. Uma bruxa que, além do mais, encoraja a "reconciliação" e a complementaridade justa entre mulheres e homens.

Acompanhar os desejos de emancipação

A jovem cartomante Clarissa constatou a necessidade de liberdade, entrega e retomada do controle da vida em suas clientes.[31] Essa feminista convicta também dedica completa atenção ao motivo das mulheres que a consultam. "O tarô desata a palavra. Permite dizer o que nunca foi dito. A partir daí, a pessoa declara o que gostaria para si. Para mim, a bruxaria e o tarô são psicoterapias populares, especialmente para as mulheres, porque muitas delas não se sentem ouvidas pelo marido, pelo médico, às vezes nem pelo psicólogo... Para mim, o que faço é claramente feminista e anarquista!"

— Clarissa, cartomante

"A bruxa não esmaga o homem; ela restabelece o equilíbrio."

— Pascale, praticante de cuidados naturais

Esse equilíbrio passa, entretanto, por um poder feminino reencontrado. Sem encontrar nos médicos uma escuta satisfatória, especialmente quando os consultam devido a "males" especificamente femininos, as mulheres se voltam para curandeiras. As etapas da vida — menstruação, fertilidade, maternidade, menopausa — antigamente eram objeto de rituais coletivos femininos. Atualmente, porém, se tornaram individualizadas e medicalizadas, deixando de lado os aprendizados e as trocas de experiência que ainda existiam em meados do século anterior.[32]

As curandeiras atuais são cada vez mais confrontadas pelas clientes com o medo do parto, os problemas de fertilidade inexplicáveis, os incômodos e as ideias sombrias que acompanham os ciclos menstruais e a época da menopausa. Esses momentos da vida têm muito peso emocional e social, quiçá espiritual, dimensões raramente consideradas na biomedicina.

As curandeiras também se encarregam das dores ligadas a doenças graves e limitantes. Câncer de mama e de útero, endometriose e depressão têm impacto muito forte na autoestima. As curandeiras auxiliam aquelas que precisam se reconstruir moral, emocional ou espiritualmente após uma mastectomia, uma histerectomia ou um aborto. Elas escutam, às vezes, relatos de violência familiar ou conjugal e histórias traumáticas de violência sexual. Apoiam aquelas e aqueles que vivem identidades complexas de sexualidade e gênero. Aconselham as mulheres que acumulam função de mãe, esposa e trabalhadora, e que a todo momento correm o risco do *burnout*.

As curandeiras ajudam todas que sofrem por não conseguirem encarnar os modelos de feminilidade valorizados. São tantos encargos sociais impossíveis de satisfazer. A questão, então, é permitir que as mulheres expressem incômodos e mal-estar, e ajudá-las a encontrar os ajustes necessários e criar outras referências mais resilientes.[33]

Apesar de nem todas as curandeiras entrevistadas se dizerem feministas, todas ajudaram as mulheres a desabrocharem seus desejos profundos. Fosse por artes divinatórias, tratamentos manuais, fosse por abordagens psicocorporais, métodos energéticos...

Convidar a sentir sua própria ecologia interna

Na revolução feminina em ebulição, todas as mídias encorajam as mulheres a conhecerem melhor seu corpo — subentende-se, seu corpo sexual e reprodutor, visto como uma "natureza" a reapropriar e domar para se libertar e satisfazer. Elas são convidadas a descobri-lo sozinhas, sem intermédio médico e com uma linguagem própria, mais familiar e poética. A considerar as emoções que acompanham o cotidiano corporal, as intuições, as percepções. A sentir sua "ecologia interna". E reatar o vínculo com seu "sagrado feminino". Livros como *Gardiennes de la lune* (2019), da terapeuta Stéphanie Lafranque, convocam as mulheres a uma reconexão ao cosmo por atenção renovada ao ciclo menstrual e às correspondências simbólicas entre o corpo feminino, a natureza e os astros.

Esse movimento também passa pela criação de círculos de mulheres e de obras de arte, de artesanato, até de jardins que honrem os órgãos e a fisiologia feminina. A ideia é deixar de esconder esse corpo íntimo e tabu, às vezes vergonhoso, e passar a celebrá-lo.

No consultório de Laure, "bruxa moderna", entre filtros dos sonhos e abajures, a parede é decorada por uma mandala de quatro cores.[34] Ela representa o ciclo da menstruação, dividido em quatro fases de purificação, projeção, expansão e introspecção, em conexão com as diferentes fases da lua. Suas clientes aprendem a ver o cotidiano não como tempo linear e laborioso, mas como um ciclo, o mesmo da menstruação e do astro lunar. Cada fase se torna propícia a atividades particulares: privilegiamos os encontros ou as reuniões de família na fase de expansão, e os momentos de calma ou revisão na fase de introspecção. As emoções, o cansaço e a vitalidade são indícios para avaliar de modo a apreender seu equilíbrio interior e escolher os modos adequados de interagir com o mundo exterior.

A ideia é deixar de esconder esse corpo íntimo e tabu, às vezes vergonhoso, e passar a celebrá-lo.

Várias das terapeutas entrevistadas fazem papel de mediação entre o corpo ainda não descoberto e a mente que há muito tempo foi cortada. De certa forma, ensinam as clientes a se ouvir, a respeitar os ritmos do corpo, a ser intuitivas, criativas, espirituais. A perceber como a vida se desenrola nelas e a considerar essa capacidade como o poder de se comunicar e confiar na interioridade mais profunda. Afinal, não são capacidades natas das mulheres, como por séculos tentaram insistir. Essa suposta "natureza" se aprende, se cultiva. Hoje é símbolo de emancipação e bem-estar feminino.

Valérie organiza passeios e oficinas sobre plantas medicinais dedicados aos "males das mulheres".[35] Ela tem consciência de que antigamente essas questões eram domínio privilegiado das mulheres sábias e das mulheres-dos-remédios, antes que os médicos dominassem a área e os saberes sobre as plantas deixassem de ser transmitidos entre mulheres. Em seu percurso como etnobotânica feminista, Valérie encontrou inspiração em Rina Nissim. Nos anos 1990, essa terapeuta feminista foi pioneira na Suíça ao publicar um manual de ginecologia naturopática. Seu livro fez muito sucesso: inspirou o movimento de autoajuda do autoexame ginecológico e propôs remédios à base de plantas esquecidas.[36]

Os passeios de reconhecimento botânico e as sessões de sensibilização às plantas medicinais organizados por Valérie frequentemente se revelara como momentos de encontro para reativar a solidariedade feminina. Ao se entender e compartilhar as mesmas dificuldades, essas mulheres encontraram soluções para seus males íntimos e dores ignoradas pelos profissionais da ginecologia.

Uma espiritualidade que celebra o feminino

As curandeiras de hoje alimentam, assim, uma vida espiritual intensa, livre dos dogmas judaico-cristãos. Os mitos, a magia e a espiritualidade voltam a ser valores primordiais.

Para Érica, acupunturista, a fé é algo maior do que si, algo que anima todos os seres vivos. De modo geral, as crenças das curandeiras são universalistas: para elas, Deus, Alá, a Fonte, o Universo... designam uma mesma força criadora e destruidora, transcendente e ativa. Em sua concepção, uma igreja, uma mesquita, uma sinagoga, uma floresta sagrada ou um círculo de pedras são portas equivalentes de entrada para a conexão com esse poder superior. Cada uma elabora seu próprio registro de crenças, de acordo com sua educação religiosa, seus encontros, suas leituras e suas afinidades.

Maria, mãe de Jesus, é menos celebrada por sua pureza e virgindade do que por seu potencial criador, sua maternidade devota e sua relação direta, ao mesmo tempo física e espiritual, com o mundo celestial.

"Minhas crenças são principalmente pagãs"

"Minhas crenças são principalmente pagãs. Acho difícil viver sem um deus. Me interessei muito pelo mundo celta. Busco uma espiritualidade sem princípio de bem e de mal. Para mim, é sempre uma questão de equilíbrio entre luz e sombra, e um lado não existe sem o outro. Me ajuda, tanto nos tratamentos quanto na vida, me lembrar de que não existem bem e mal. Minha mãe frequentemente nos falava de um 'Bom' Deus... Mas ainda impregnado dessa dualidade bem e mal. Entre os celtas, a questão era celebrar a vida. E a vida não está do lado do bem nem do mal! Não é boa nem ruim, ou talvez seja as duas coisas ao mesmo tempo? Foi lógico me voltar para a religião dos meus ancestrais. Eu me fascinei pelo xamanismo, mas considero que não é meu lugar. Descobri o mundo celta pelos livros e pelos apaixonados por reconstrução medieval. Aprendi e pratico sozinha: respeito os sabás para as colheitas de plantas e para meus rituais."

— Émilie, médium e energeticista[37]

A *reescrita das lendas e dos contos*

A espiritualidade desenvolvida pelas jovens gerações de curandeiras não se satisfez com as lendas que alimentaram as representações patriarcais; elas aderiram ao pensamento do *New Age*. As mais engajadas estudam o trabalho de pesquisadoras, escritoras e militantes feministas que trouxeram novos olhares para mulheres lendárias importantes, valorizando sua feminilidade, sua independência e sua força.[38] Maria, mãe de Jesus, é menos celebrada por sua pureza e virgindade do que por seu potencial criador, sua maternidade devota e sua relação direta, ao mesmo tempo física e espiritual, com o mundo celestial. Na tradição judaica, Lilith é um demônio caído que se orgulha de perpetrar infanticídios. Primeira mulher, antes de Eva, teria sido ela quem a encorajara a provar a fruta do conhecimento, tomando a aparência da serpente. Para as terapeutas feministas, ela se torna aquela que não quis se submeter à posição missionária imposta por Adão. É insubmissa e não se dedicou à maternidade. É também uma das deusas noturnas que possibilitam que as mulheres se regenerem, pois a capacidade periódica de trocar de pele das cobras é associada à possibilidade de "renovar o sangue" a cada ciclo menstrual. A figura da amazona, tomada da mitologia greco-romana, é especialmente apropriada por seu fervor guerreiro, qualidade raramente associada ao feminino, e por seu estilo de vida comunitário que excluía voluntariamente a presença dos homens. As deusas celebradas nos mundos celtas são redescobertas e cultuadas de acordo com as datas do calendário, com base nos ciclos das estações e dos astros.

Virtudes terapêuticas das lendas

Mulheres que correm com os lobos, a obra de sucesso internacional da psicanalista e escritora americana Clarissa Pinkola Estés (1992), é emblemática desse movimento que denuncia as engrenagens da dominação masculina contida nas lendas e nos contos para reescrevê-los, ou até reinventá-los, de modo a iniciar uma reconquista feminina do imaginário. Esse livro contém uma dimensão terapêutica e feminista concreta: por meio de contos e lendas protagonizados por personagens femininas, a autora propõe que as leitoras se identifiquem com essas heroínas arquetípicas e, como elas, estimulem sua transformação interior até retomar o vínculo com a "selvagem" presente em cada uma. Essa "selvagem" é poderosa, criadora e destruidora. Seria a "natureza instintiva" escondida no inconsciente das mulheres, há muito tempo formatado pela educação e limitado pelos papéis e responsabilidades em um mundo que as confina. A ideia central aqui também é desenvolver o natural em si. Ela se volta para o caminho do invisível: para as mulheres aprenderem a expressar o que as torna fortes, orgulhosas, realizadas e felizes, libertando-se das amarras que as detêm. É também para reconhecer esse eu interior e autêntico como uma emanação divina a celebrar. Elaborar uma nova narrativa de si, luminosa e triunfante.

Entre muitas curandeiras cartomantes e energeticistas entrevistadas, recorrer a figuras mitológicas ou arquétipos revisitados por feministas serve de apoio para a consulta. O que está em jogo é desatar a fala das clientes e propor situar metaforicamente suas próprias histórias em relação àquelas das figuras lendárias. Por esse viés, as terapeutas ajudam as consulentes a se distanciarem das situações vividas e indicam referências de valor. Tentam fazer surgir nelas o sentimento de que são capazes de enfrentar e tomar decisões corretas sozinhas. Reencantam o percurso da vida e encorajam as mulheres a se tornarem "heroínas" de suas próprias epopeias terrestres.

Essa "selvagem" é poderosa, criadora e destruidora. Seria a "natureza instintiva" escondida no inconsciente das mulheres, há muito tempo formatado pela educação e limitado pelos papéis e responsabilidades em um mundo que as confina.

A magia-feitiçaria de hoje

A magia-feitiçaria sempre foi utilizada pelas curandeiras para se comunicar e interagir com o invisível. Hoje, elas dizem trabalhar com a energia divina e universal, os campos magnéticos e quânticos, os guias espirituais, anjos e espíritos. A "natureza" ainda ocupa um lugar importante nessas práticas.

Proteger-se das energias negativas

As curandeiras se cercam de objetos selecionados a que atribuem poderes benéficos, por palavras ou gestos: para o olhar incauto, esses pequenos altares em suas casas ou consultórios podem parecer aglomerações de objetos decorativos. Plantas, ícones ou imagens de personalidades inspiradoras se encontram junto a pedras como a labradorita e a ametista, que captam energias negativas. Textos enigmáticos e caligrafias — hebraico, árabe, runas germânicas? — transcritos em papéis bonitos decoram as paredes ou se escondem atrás dos quadros. São talismãs protetores contra as energias, às vezes sombrias, dos clientes. As velas, conexão com o elemento fogo e o sagrado, trazem, simbolicamente, luz e calor. Também revelam as presenças nocivas: as chamas que vacilam rápido alertam que as pessoas presentes trouxeram intenções ou espíritos dos quais é preciso se livrar.

Frequentemente, as terapeutas usam em colar ou pulseira, ou levam nos bolsos ou nas meias, pedras ou medalhões representando uma personalidade religiosa ou espiritual. Esses amuletos protetores ficam em contato com o corpo, para protegê-las de energias negativas e espíritos malvados.

Para se proteger, há também gestos e invocações. Christine, que "retira o fogo" e pratica a angeologia divinatória e terapêutica, insiste na importância de rezar para os anjos da guarda.[39] Ela também realiza visualizações frequentes, que acompanham gestos circulares pelo espaço, para criar ao redor de si e do seu ambiente uma bolha protetora invisível, que se assemelha a um escudo. Pascale, praticante de saúde natural, também imagina uma esfera tranquilizadora ao seu redor.

Além da proteção, a magia-feitiçaria das curandeiras atuais possibilita a purificação simbólica. Os incensos, as ervas secas que queimam em gamelas — como a sálvia branca ou a artemísia —, espalham uma fumaça perfumada que purifica o espaço do cuidado. As pedras e os cristais, carregados junto ao corpo, posicionados perto da entrada ou apoiados no corpo das pacientes durante uma sessão, são "limpos" quando mergulhados em água ou expostos à lua cheia. Para aquelas que tocam o corpo das clientes, lavar os antebraços em água corrente de nascentes limpa as energias negativas acumuladas durante o tratamento. Outras vão para a floresta, onde abraçam árvores grossas, suficientemente fortes para "absorver" e "devolver à terra" as energias acumuladas. Elas aproveitam para se renovar junto a esses monumentos naturais, ou megálitos. Outras meditam no intervalo das consultas para se livrar do peso emocional e restaurar a própria vitalidade.

A "magia verde"

Clarisse tira o tarô de Marselha, mas não é sua única competência. "Minha prática espiritual é nitidamente a feitiçaria. Pratico rituais de acordo com a lunação e as festas pagãs, fabrico amuletos e talismãs para as pessoas de acordo com suas necessidades. É magia verde, na verdade!" A "magia verde", complementar das mais antigas "magia branca" (benéfica) e "magia das trevas" (maléfica), surgiu ao longo das últimas décadas, junto com os movimentos de retorno à natureza. É uma magia que usa os poderes ocultos das plantas e suas correspondências com os elementos do cosmo, como faziam as curandeiras medievais. Hoje em dia, Clarisse usa a magia das plantas para proteção, cura ou rituais de culto à natureza que ela mesma faz. Ela estuda livros antigos e recentes, conversa com antigas curandeiras e, às vezes, aprende com as próprias plantas, que vêm se comunicar com ela em sonho.

Altares, ícones e textos enigmáticos servem de talismãs protetores contra as energias, às vezes sombrias, dos clientes.

Rituais de cura

Quando, em seus tratamentos, devem tirar de seus clientes o estresse do trabalho, expulsar as poluições externas, remediar relações familiares ou conjugais difíceis, desfazer uma lembrança traumática ou aliviar dores crônicas, as curandeiras combinam proteção e purificação nos rituais de cura.

Quando as curandeiras atendem mulheres, a magia de proteção frequentemente é utilizada para encarar melhor os sentimentos de insegurança, medo ou ilegitimidade que as impedem de se sentir serenas e realizadas. Elas as encorajam a se tornarem magas também e a realizarem rituais de proteção e purificação. Para algumas, isso lhes dá a força necessária para abandonar, se opor, escolher, criar, porque assim se sentem mais confiantes, mesmo que seja graças a poderes invisíveis que fogem do racional. A magia purificadora as libera dos entraves criados por acontecimentos infelizes de seu trajeto ou educação e leva à autorrealização.

A variedade de rituais depende muito da criatividade das curandeiras. Cada uma tem seus métodos. Ao oferecer às mulheres a possibilidade de aproveitar e dominar essas ferramentas, e também de inventar suas próprias, as curandeiras indicam que as clientes também têm poderes mágicos — e, por consequência, poder sobre a própria vida.

Quando o invisível interfere no tratamento

Pascale às vezes deixa de lado a energética chinesa para fazer o gesto de puxar um fio ou uma massa invisível do baixo-ventre da cliente deitada na maca, que conclui ao jogar o conteúdo impalpável no canto da sala. Quando as energias não circulam bem nessa região que simboliza a ancoragem, a sexualidade e a criatividade, ela usa o gesto para liberar a via e permitir a harmonia. Irina, bruxa moderna, usa a fumigação. Quando recebe uma cliente que tem medo de sofrer agressões na rua, mesmo que nada lhe tenha acontecido, a bruxa percebe nela uma memória transgeracional: a mãe ou uma avó foi agredida e a filha carrega inconscientemente seu medo reflexivo. Irina "libera as memórias" da cliente ao queimar, sob a maca de massagem, uma gamela de sálvia branca, depois de improvisar um encantamento adaptado à situação da mulher em questão. Durante aproximadamente dez minutos, ela entoa o cântico e acompanha a fumaça com o som de batuque de tambor.

SÉCULO 21

NAS MÃOS DAS CURANDEIRAS

Quem são essas curandeiras à margem do cenário terapêutico de hoje? Elas são ainda mais difíceis de enumerar do que as colegas que exercem em paralelo a atividade biomédica. Porém, deixam muitos indícios nos espaços cotidianos que mostram a forte impregnação feminina em seu universo, seja pelos nomes impressos em cartões de visita espalhados por aí, seja pelo boca a boca que elogia os méritos das mais eficientes. Também é difícil descrever suas atividades, porque englobam uma grande diversidade de saberes e fins. Para entender melhor seu mundo, contudo, é preciso se interessar por sua história, um percurso frequentemente repleto de percalços.

Epopeias femininas

As heroínas
Entre a maioria das curandeiras entrevistadas, o primeiro percalço, e certamente o menos tangível, consistiu em aceitar-se como pessoas que diferem das outras devido a percepções particulares. Algumas curandeiras contam que desenvolveram sua sensibilidade e aptidão

desde muito cedo, graças ao aprendizado com parentes. Assim, desde novas, elas sentem e experimentam a disposição para aliviar dores, por exemplo, ao impor as mãos sobre outras pessoas ou animais, para cultivar plantas curativas, para tirar cartas ou para conversar com entidades invisíveis ou os mortos.

Porém, para a maioria das curandeiras, as capacidades sentidas quando jovens passaram muito tempo sem a compreensão daqueles que as cercavam. Émilie, de 36 anos, oriunda da região montanhosa da França, explica que, quando pequena, via pessoas que os outros não enxergavam. Seu mundo era repleto de mortos com quem ela podia se comunicar. Aos 6 anos, escolhia plantas no jardim — por indicação dos companheiros invisíveis — para tratar das irmãs e pedia para impor as mãos na nuca dolorida da mãe. Por volta dos 12 anos, ela se divertia tirando as cartas e balançando um pêndulo de sua própria confecção. Ela rapidamente entendeu que era desagradável falar daquilo com a família, católica praticante, que considerava que ela tinha "muita imaginação". Émilie reconheceu ter atravessado momentos de sofrimento na adolescência e no início da vida adulta devido à sua diferença e ao espaço exagerado que os mortos ocupavam em seu cotidiano.

Para a maioria das curandeiras, as capacidades sentidas quando jovens passaram muito tempo sem a compreensão daqueles que as cercavam.

A história de Paule é bem parecida.[1] Nascida em uma família modesta e rural nos anos 1960, Paule enxergava, desde pequena, a presença de um "amigo iluminado" ao seu lado enquanto brincava sozinha. Adolescente, ela sonhava com a morte iminente das pessoas ao seu redor, mortes que sempre ocorreram nas semanas seguintes. Apesar de os sonhos serem sombrios, e às vezes pesados para suportar, ela evitava falar deles.

Para outras mulheres, o sentimento de perceber coisas diferentes dos outros ou de ter intuições fortes, presságios ou sonhos premonitórios chegaria na idade adulta. Elas se preocupariam, então, por serem diferentes do resto e não se sentirem adequadas ao ambiente familiar ou profissional, e se perguntariam sobre a vantagem ou desvantagem de falar disso. Pascale prefere não revelar suas percepções àqueles que a cercam: "Não falo com minha família, porém, para quem sou apenas terapeuta de medicina chinesa. Eles estão longe de imaginar o que faço. Sabem que sou meio doidinha, e, hoje, não estou nem aí! Porque finalmente entendi que deveria trilhar esse caminho sozinha! Eu tinha muito medo de desenvolver o que sentia e perder minha família, meus filhos, meu companheiro. Então me freei muito".

Algumas curandeiras destacaram as dificuldades que tiveram para encontrar lugar na sociedade devido a essa sensibilidade particular, que ecoava outras diferenças notáveis, como particularidades físicas vistas como anormais, orientações sexuais e identidades de gênero consideradas desviantes, escolhas pessoais ou familiares atípicas, aspirações profissionais pouco comuns, ideais políticos pouco reconhecidos, ou ainda empreitadas espirituais raras... Já marginalizadas por esses critérios, elas precisaram aprender a aceitar outra faceta de si, caracterizada por uma grande acuidade ao que se desenrola a seu redor. Aceitar plenamente essa disposição para sentir ou curar pelo invisível pressupõe se confrontar com o poder, também invisível, da normalidade e da racionalidade.

A maioria das mulheres entrevistadas virou curandeira após acontecimentos pesados e muitas vezes difíceis. Os percalços enfrentados tomam forma de momentos de vida especialmente sofridos, ou de doenças graves. Como heroínas, elas se salvaram. Para muitas delas, foi um mal-estar profundo que as dominou de repente. Pascale falou com muito pudor da depressão que sofreu dez anos antes e destacou que a maioria das outras terapeutas que conheceu durante a formação passou por situações bastante semelhantes. Clarissa, taróloga humanista de 30 anos, relatou uma travessia parecida. Quando decidiu se dedicar ao estudo universitário em ciências humanas e ao trabalho de mediação social, seu percurso foi repentinamente interrompido pelo que ela chamou de "universo", o conjunto de forças transcendentais que às vezes abalam a existência.

Como Clarissa, Irina citou um episódio sombrio de sua vida que se tornou fundamental para seu percurso de curandeira. Hoje na casa dos 40 anos, ela explicou que, antes de se tornar uma "bruxa moderna", "passou por poucas e boas". Quando voltou à França após uma década no exterior, a antiga musicista teve a impressão de "escutar vozes": "Comecei a me sentir mal, a passar muito mal... Comecei a achar que... que tinha enlouquecido! Que tinha surtado. Pensei em me internar". O sofrimento e o espectro da loucura frequentemente se apresentam nas histórias de vida das curandeiras.

> **Percurso interrompido pelo "universo"**
>
> "Nesse ano, o universo jogou tudo na minha cara...
> Perdi tudo, acabei na rua, tinha acabado de me separar,
> não tinha mais parceiro, precisei parar de estudar,
> sofri um *burnout*, descobri uma doença autoimune...
> Foi... duro à beça!"
>
> — Clarissa, taróloga

Valérie descobriu tardiamente que sua grande sensibilidade e seu modo efervescente de pensar estavam conectados a seu alto potencial intelectual e a disposições extrassensoriais que ela aprendeu a domar. Até então, essas particularidades, incompreendidas por ela e pelos outros, tinham lhe causado muito mal-estar. A depressão empurrou certas curandeiras a considerarem, no passado, soluções extremas, como Sofia, médium e magnetizadora, hoje na casa dos 50 anos, que contou que, na juventude, porque "via coisas", acreditou que era "louca". Então, fechou-se na solidão e, em seguida, na depressão. Sua voz tremia: "Sabe, tentei suicídio mais de uma vez. É que a gente se sente muito mal, sofre extremamente por dentro". Sobrevivente desse passado doloroso, ao se tornar curandeira, ela considerou, como suas colegas, que sua experiência faz com que ela escute, entenda e acompanhe melhor as pessoas afetadas pelo desespero.

Doenças graves constituem outro percalço que marca o trajeto das curandeiras. Sofia também viveu uma doença física grave. Quando pequena, entrou em coma após pegar uma doença tradicionalmente chamada de "mal da noite" na Itália, onde cresceu. É uma doença que não está no repertório da biomedicina, uma espécie de ataque feiticeiro que afeta as crianças que ficam fora de casa após a meia-noite. Ela foi salva por uma velha curandeira que faleceu poucas semanas depois e de quem ela acredita ter herdado capacidades particulares. Hoje, uma doença rara atinge seus ossos, o que lhe lembra todos os dias "o sentido do sofrimento". O mesmo acontece com Clarissa, que sofre de uma doença autoimune; com Émilie, que sofre de endometriose avançada; com Coline, professora de ioga recuperada de uma anorexia severa; com Christine, que trata com os anjos sua patologia neurodegenerativa, e ainda com Florence, praticante de medicina quântica, cuja antiga vida como mulher de negócios foi interrompida bruscamente por um AVC.

O luto de pessoas próximas também pode intervir como percalço fundador para as mulheres que se tornam curandeiras, especialmente quando a morte ocorre em circunstâncias que vão contra a ordem natural. Érica, acupunturista, perdeu um dos pais ainda jovem, o que a confrontou muito cedo com a dor, os modos de aliviá-la e os questionamentos sobre o além. Pouco após os 40 anos, Paule perdeu o irmão apenas um ano mais velho, com quem sempre teve uma cumplicidade carinhosa. Rapidamente, começou a sentir com regularidade sua presença a seu lado e se acostumou ao morto benévolo que a acompanhou por mensagens mediúnicas em momentos familiares difíceis. Aproximadamente sete anos depois, após mudar a carreira para a sofrologia e a naturopatia, Paule se tornou cada vez mais sujeita aos contatos mediúnicos. Ela passou a dedicar, então, suas capacidades às associações de apoio a pessoas em luto. As mortes que marcaram o percurso dessas curandeiras abalaram sua noção da vida. Essas mulheres sentiram a fragilidade da existência e forjaram certo saber sobre o luto, os modos de enfrentá-lo e as possibilidades oferecidas pelo invisível.

O luto de pessoas próximas também pode intervir como percalço fundador para as mulheres que se tornam curandeiras, especialmente quando a morte ocorre em circunstâncias que vão contra a ordem natural.

Por fim, os últimos percalços que certas curandeiras podem viver estão em histórias de violência psicológica, física ou sexual ocorridas no curso da vida familiar ou conjugal. Essas mulheres, marcadas pelo resto da vida, conheceram por experiência própria a brutalidade e a crueldade de certos seres humanos e o sofrimento vivido pelas vítimas. Ao se tornarem terapeutas, elas se mostram particularmente atentas para que as pessoas que atendem possam se sentir livres para expressar essas dores e encontrar, assim como elas, caminhos de resiliência.

Diferentes devido a suas disposições peculiares, tendo superado a melancolia, escapado de violências e sobrevivido a doenças e mortes, essas mulheres viveram momentos sombrios antes de se tornarem curandeiras.[2] Seus relatos são impactantes devido ao modo com que explicam ter transcendido a estranheza ou a dureza dessas situações. Elas frequentemente as consideram "mensagens do universo", do divino ou de forças misteriosas, que de repente indicaram a necessidade de elas mudarem de caminho para se voltarem aos poderes do invisível e aos cuidados. Foi preciso entender que elas estavam no caminho errado! Irina, a "bruxa moderna" que achou ter enlouquecido, concluiu a história assim: "Minha mãe, com quem não tenho mais contato, um dia me ligou, e eu entendi. Minha avó estava morrendo. Entendi intuitivamente que não estava louca e que tinha pressentido que algo acontecia". Enquanto velava a avó, tomou consciência de que sua sensibilidade era uma forma de mediunidade e decidiu estudar. Ao olhar de outro modo para sua vida pregressa, ela se deu conta de que frequentemente esteve cercada de colaboradoras "que eram bruxas" e que tinham ajudado a levá-la precisamente aonde estava, prestes a tornar-se bruxa também. Clarissa viveu uma situação parecida. Quando sua vida virou de pernas para o ar, ela fez uma viagem pela América do Sul. Ela sonhou com algo tão forte (que acabou se revelando premonitório) que chegou a conversar com a estalajadeira que a hospedava. A anfitriã aconselhou que ela visitasse um xamã, que finalmente lhe deu a chave para entender o que estava acontecendo. "Eu tinha me afastado demais do meu caminho", concluiu. Assim, ela decidiu voltar para os primeiros aprendizados das mulheres de sua família: a cartomancia, a divinação por sonhos e a magia. Pouco a pouco, construiu sua atividade e teve a impressão de se revelar para si própria por meio dessas artes.

As adversidades encontradas e superadas ao longo dos anos impulsionaram todas essas mulheres a questionarem seu estilo de vida, sua perspectiva sobre a vida e sobre o sentido que desejariam dar a ela. Elas souberam enfrentar os males e as dúvidas, orientadas pelas pessoas mais próximas e se aventurando com terapeutas de medicinas complementares ou alternativas. Elas seguiram sua busca pelo bem-estar, confiando no destino, em Deus ou no universo, e contam que encontraram sua função terapêutica na saída desse caminho de cura. Na constelação de medicinas complementares, a autorrealização é um processo central. Tornar-se curandeiras foi, para elas, o resultado desse processo. Ao superarem circunstâncias doloridas que pontuaram seu percurso, elas optaram por transformar suas fraquezas em forças, aprofundar suas disposições e tornar aquilo sua atividade. Um trabalho no qual finalmente se realizam e que lhes dá a oportunidade de ajudar outras pessoas, usando suas capacidades notáveis de empatia e as formas sutis de inteligência emocional que souberam aprender com suas histórias. Essas experiências as tornam heroínas semelhantes àquelas que povoam as lendas e os mitos.[3] Elas se aproximam desses seres especiais que convivem com o extraordinário, o sobrenatural e o sagrado e que, após um percurso difícil, saem simbolicamente "engrandecidos". Por sobreviverem a contratempos que continham virtudes de iniciação, as heroínas servem de referência para aqueles e aquelas que ainda estão em seu trajeto.

As adversidades encontradas e superadas ao longo dos anos impulsionaram todas essas mulheres a questionarem seu estilo de vida, sua perspectiva sobre a vida e sobre o sentido que desejariam dar a ela.

Transmissão familiar

Christine passou dos 60 anos com o sorriso daquelas que atingiram certa iluminação na vida: a sua foi especialmente difícil, permeada por violência. Contudo, ela interpretou esses obstáculos passados como sinais de uma encarnação particular, destinada à transformação de si e a uma jornada espiritual importante. Christine, como sua irmã, tem o dom de "conjurar o fogo" graças à oração secreta e aos gestos herdados de sua avó. Foi ao observá-la trabalhar e, depois, ao respeitar suas orientações, que as duas irmãs conseguiram, pouco a pouco, ativar seu dom para a cura. Criada em uma família de mulheres católicas praticantes, Christine tem uma cultura religiosa sólida, que mistura a outros textos sagrados, como a Torá e o Corão. Porém, hoje é com os anjos que ela "trabalha" e efetua suas "pesquisas", baseada em obras de influência cabalística e conduzindo uma vida de oração e experiências místicas. Em seu cotidiano atravessado pela espiritualidade, cultivar uma horta e plantas medicinais, colher cogumelos e plantas na floresta, tratar de pessoas e animais, tudo surge como mais evidências herdadas de uma experiência familiar rural. Para Christine, não há "redescoberta", nem "reconexão" com estilos de vida "naturais" ou saberes "tradicionais" perdidos: ela continua e renova o que lhe foi transmitido.

Mesmo que os movimentos contraculturais tenham sacudido o pensamento dominante nos anos 1970, dedicar-se à carreira de curandeira deixa de surgir nas famílias como perspectiva desejável.

Para Clarissa, que pertence à geração seguinte, dar prosseguimento à herança de suas ancestrais foi menos óbvio. Ela cresceu em uma região onde o folclore ao redor da bruxaria era muito vivo. Em sua família, foi criada por mulheres de personalidade forte, que ainda cedo transmitiram seus saberes de mulheres-que-veem e mulheres-dos-remédios. Aos 11 anos, aprendeu a tirar o tarô de Marselha com a tia, enquanto a mãe e a avó, herbolárias, a ensinaram alguns de seus conhecimentos sobre plantas medicinais. Essas mulheres a incentivaram a prestar atenção nos sonhos mais vívidos e nas "experiências da ordem do invisível" que poderiam lhe acontecer. Clarissa cresceu, estudou, começou a trabalhar. Quando se confrontou com uma série de dificuldades — de dinheiro, de saúde, do casal —, Clarissa decidiu se afastar e viajar pela América do Sul para avaliar sua situação. Sua conexão com o invisível, forjada na infância e mantida apenas como passatempo ao longo dos anos, pareceu se reativar naquelas terras distantes. A viagem possibilitou que ela se afastasse da carga cotidiana e das relações difíceis. A aventura aos poucos se tornou também uma viagem interior. Ela se dedicou à introspecção e viveu um dia após o outro. Clarissa voltou, então, a sonhar como na infância. Esses sonhos a incitaram a assumir plenamente a herança oculta que lhe fora transmitida. Para ela, não fazia sentido seguir uma formação paga em uma escola particular quando decidiu virar cartomante em tempo integral. Ela desconfiava dessas instituições: "Tirar cartas não se aprende em um curso! Existem tantos jeitos de tirar as cartas quanto existem tarólogas! É uma capacidade que se aprende com as pessoas próximas, que se experimenta, que se sente". Clarissa está entre as poucas curandeiras atuais que aprenderam sobre a divinação e as plantas com suas parentes.

De modo geral, essa transmissão oral parece ter se perdido, considerada inútil ou charlatanesca. Ao contrário, o que se transmite entre gerações de mulheres são os saberes de saúde vindos da vulgarização biomédica. As mães de família aprenderam, com muita utilidade, a controlar os remédios da farmácia doméstica, em detrimento dos conhecimentos antigos que foram considerados irracionais e ineficientes. Acabou o ensino de mãe para filha de ler o futuro na borra de café ou de colher as flores de tília no momento adequado. Mesmo que os movimentos contraculturais tenham sacudido o pensamento dominante nos anos 1970, dedicar-se à carreira de curandeira deixa de surgir nas famílias como perspectiva desejável, muito menos como atividade digna e carregada de sentido. Mylène, radiestesista que construiu a própria capela no parque, onde recebia dezenas de doentes por semana, quis transmitir sua atividade à neta, que, aos 18 anos, já a tinha auxiliado em diversas consultas e se sentia pronta para assumir a função. A mãe, contudo, interveio para que a filha aprendesse um trabalho "de verdade" e a afastou das atividades de cura da avó, que faleceu pouco depois.

A transmissão oral dos saberes de medicina popular se esgotou aos poucos. Porém, para as curandeiras de hoje, obrigadas a se formar em instituições privadas e pagas, o vínculo com as figuras curandeiras de sua genealogia familiar continua relevante. Os saberes se perderam ou se transformaram, e as escolas atuais propõem um painel de imensa amplitude, para alegria dos alunos. Entretanto, não oferecem a legitimidade tradicional que era prerrogativa das antigas curandeiras. As terapeutas encontram essa legitimidade ao voltar por sua árvore genealógica, na qual identificam ancestrais, mulheres ou homens, conhecidos por suas atividades de herbolários, *rebouteux*, matronas, médiuns ou adivinhas. Um bisavô que aliviava entorses e sabia o segredo de acalmar a epilepsia, uma tia-avó que colecionava plantas e pedras, uma avó que participava de mesas girantes. As filiações se recompõem pelo prisma das capacidades dos ancestrais para a cura pela natureza ou pelo invisível. Os fios se reatariam a posteriori, e a trama tecida daria confiança às curandeiras: elas teriam a impressão de que seu desejo de exercer "outras" medicinas tinha origem "em algum lugar" do histórico familiar.

Às vezes, esse elo genealógico não é tão distante: quando Émilie decidiu assumir plenamente para a família sua mediunidade, mesmo que os parentes até então dissessem que ela era apenas muito criativa, a mãe confessou que também via espíritos quando era criança. Ela "preferiu fechar os olhos para isso" depois de se casar com um marido católico fervoroso e cartesiano, um temperamento complexo que não aceitaria a intervenção dos mortos na vida conjugal. Contudo, na função de enfermeira noturna em um hospital, era ela que os colegas dizia ter a capacidade de acalmar os doentes mais ansiosos e doloridos. As mortes também aconteciam com mais frequência no seu turno, como se sua presença garantisse aos moribundos uma passagem mais serena ao além. No entanto, a mulher nunca tinha contado nada disso à filha até então. A revelação causou alívio em Émilie: suas peculiaridades não vinham do nada, ela não era uma bizarrice familiar, mas uma mulher que carregava a herança particular da linhagem materna! A mera ideia a fez se encontrar: ela reviveria as capacidades mediúnicas e as disposições terapêuticas do histórico familiar.

No encontro dos percursos de iniciação e dos cursos de formação

A sra. Pagnoux usava o cabelo grisalho muito curto e vestia um conjunto marrom de tecido grosso.[4] No pescoço, um medalhão da Virgem Maria. Ela andava devagar, com dor. Desde a morte do marido, morava sozinha num apartamento térreo, que alugava já havia muito tempo. Quase todo dia, recebia pessoas que vinham aliviar dores, tratar de doenças ou acabar com uma sequência de infortúnios. Ela as convidava a sentar-se no salão, no sofá castanho, sob uma imagem do Cristo crucificado. Ela fazia as pessoas falarem do que as levou até lá e se instalava bem a seu lado, em uma cadeira dobrável de madeira que lhe parecia pequena demais. Em seguida, pedia para que se deitassem. A sra. Pagnoux começou a murmurar enquanto apoiava as mãos espalmadas em pontos diferentes do corpo dos pacientes, por cima da roupa. Ela parava quando sentia que "o trabalho acabou". Na saída, os visitantes expressavam gratidão na forma de algum presentinho, uma nota ou comida que deixavam discretamente em uma mesinha perto da porta.

A sra. Pagnoux era uma curandeira conhecida na região, e seu nome circulava quando falavam de doenças que duravam ou desgraças que se seguiam. As pessoas iam consultá-la porque ela possuía o "dom", um "presente maravilhoso de Deus", que deveria honrar sem tentar explicar. Antes de praticar, era consciente da predisposição, em parte porque nascera "empelicada", sinal indiscutível de sua capacidade, e em parte porque sentia muita inveja e fascínio pelos curandeiros que retiravam os males. Um dia, falou de seu nascimento particular e de seu desejo de curar pelo segredo a um tio distante do marido, um velho das montanhas conhecido por "fazer o segredo" e tirar as verrugas das vacas. De início, queria conservar o segredo para cuidar de seus parentes e seus animais, mas acabou por finalmente revelá-lo a ela pouco antes de seu falecimento, quando considerou que era hora de garantir a continuidade. Ele indicou a ela as preces a aprender de cor, os jeitos de murmurá-las e os gestos discretos que deveriam acompanha-las. Falou do calor e do formigamento que deveria sentir durante o tratamento. Após a morte dele, a sra. Pagnoux ainda se sentia pouco capaz. Contudo, tentou curar uma verruga no pé do filho, recitando as preces e seguindo as orientações. Após alguns dias, a verruga desapareceu. A partir de então, começou a praticar em pessoas próximas os tratamentos estranhos que nem ela saberia explicar, mas que se mostravam cada vez mais eficazes. "No fim, sempre tento fazer alguma coisa!", ela contou. "Alivio os efeitos secundários da quimioterapia, por exemplo. Trato de muitas doenças nervosas... Também retiro as dores dos reumatismos. E trato da infertilidade nas mulheres, e já consegui até influenciar no sexo do bebê! Também cuido de herpes-zóster, eczema [...], mas psoríase não encaro! Tentei, mas não consigo!" Ela aprendeu alguns fundamentos do magnetismo com outros curandeiros da região e experimentou praticá-lo pela imposição de mãos nas pessoas que a consultavam. Com o tempo, se expandiu o círculo de pessoas que a consultavam, incluindo pacientes desconhecidos que ouviram falar de seus poderes.

Com exceção das aliviadoras de males e magnetizadoras que, como a sra. Pagnoux, foram iniciadas por precursores, ou das terapeutas, como Clarissa, que cresceram em famílias de curandeiros preocupados com a transmissão, a maioria das curandeiras de hoje em dia não tem tanta oportunidade desse tipo de aprendizado. Elas adquirem seus métodos terapêuticos no contexto das formações. Estudam, por preços frequentemente altos, nos centros de formação particulares que, na França, outorgam certificados não regulamentados nem reconhecidos pelo Estado. Aquelas que podem se inscrevem em outras escolas, no resto da Europa, na Ásia ou nas Américas: procuram ensinos mais inovadores ou autênticos e participam, ao mesmo tempo, da circulação globalizada das medicinas. Para essas curandeiras, as formações são a esperança de uma mudança de carreira e, de modo mais amplo, de uma transformação de vida. Elas escolhem a formação de acordo com seu próprio histórico, o trabalho que exercem, seus recursos e seu apetite por determinadas áreas, sejam remédios, técnicas manuais, cuidados psicocorporais ou terapias espirituais. Seus trajetos são todos diferentes.

A *escolha de formações longas e especializadas*

Parte das curandeiras se volta para formações relativamente longas, dedicada a aprender medicinas eruditas, isto é, medicinas às quais estão ligados, em suas regiões de origem, corpora de saberes formais e instituições (faculdades, hospitais). É o caso, especificamente, da medicina tradicional chinesa e da medicina ayurvédica indiana.[5] Diferente desses sistemas médicos asiáticos, as medicinas tradicionais africanas, menos formalizadas, ainda não suscitam o mesmo interesse. A ambição das curandeiras é se especializar nessas abordagens terapêuticas milenares respeitando seus fundamentos e desenvolver expertise nesses conhecimentos médicos vindos de outros lugares. Embora a ancestralidade e a autenticidade dessas medicinas frequentemente sejam destacadas, elas nunca se fixaram em um passado findo, mas, sim, na renovação constante, seja nas suas regiões de origem, seja naquelas às quais migram.[6]

Parte das curandeiras se volta para formações relativamente longas, dedicada a aprender medicinas eruditas, isto é, medicinas às quais estão ligados, em suas regiões de origem, corpora de saberes formais e instituições.

Érica optou por uma formação longa em uma escola renomada de medicina chinesa

Ao fim de um ano de seus estudos em enfermagem, Érica sentiu que a abordagem terapêutica ensinada ali e as perspectivas de emprego futuras não lhe convinham. Ela interrompeu o curso e foi estudar ciências sociais aplicadas à saúde na universidade, o que a levou a abordar as medicinas estrangeiras. Ela própria cresceu em países diferentes e conheceu e experimentou outros caminhos terapêuticos. Em paralelo aos seus estudos formais, se iniciou na *tuina*, técnica de massagem tradicional chinesa, por meio de cursos livres em uma associação. A partir daí, sua perspectiva se tornou mais precisa: ela conseguiu economizar dinheiro suficiente para se inscrever em um curso de medicina chinesa renomado, que supostamente ofereceria um ensino próximo das teorias ancestrais. Essa formação durou quatro anos, divididos em uma semana por trimestre, pontuada pelo ensino da filosofia e das doutrinas eruditas fundadoras, assim como de técnicas de acupuntura. Érica optou, em paralelo, por estudar a introdução à anatomia e à fisiologia biomédica, também oferecida na escola, e acrescentou também o estudo da farmacopeia tradicional chinesa. Ela valorizava muito a qualidade e o rigor do ensino imposto naquele estabelecimento: isso garantiu uma bagagem sólida para sua futura prática terapêutica, de acordo com os saberes transmitidos e melhorados ao longo dos séculos. Como no curso de enfermagem, onde o estágio era parte fundamental do aprendizado, ela multiplicou suas experiências concretas na Ásia e na França ao lado de terapeutas experientes, o que considerava necessário para estabelecer seu consultório. Após se tornar uma profissional certificada, ela continuou as leituras e formações para desenvolver continuamente sua prática.

Como Érica, Valérie também está entre aquelas para quem uma formação relativamente longa e sólida era indispensável para um dia cogitar se estabelecer na disciplina de sua preferência. As plantas sempre fizeram parte de sua vida. Ela lembrava com carinho do pai e do avô, que a iniciaram desde a infância na horticultura em sua horta comunitária. Em todo lugar em que morou, continuou a desenvolver o prazer de observar, colher, plantar e sentir os vegetais. Até mesmo na cidade, mesmo trabalhando trancada em um escritório. Depois veio a necessidade vital de mudança, passando por um retorno à terra em recantos ainda silvestres do sul. Porém, ainda assim, a ideia de se consagrar plenamente ao conhecimento das plantas e de seus usos terapêuticos continua apenas no estágio da vontade. Talvez ela não se autorize? Talvez imagine que seja mero capricho? Na história de Valérie, é uma visão que recebe durante um retiro neoxamânico ao ar livre, na região onde morava, que legitima um dia seu desejo íntimo de dar às plantas um lugar maior em sua vida.[7]

As visões de Valérie a encaminham às plantas

"Foi importante para mim, durante essa jornada, me escutar de verdade e pesquisar os lugares e as experiências que me faziam sentir bem. Foi em uma floresta, perto de um rio, um lugar onde tive vontade de dormir ao ar livre, perto dos cachorros. Foi também com meditações perto do rio, debaixo das árvores e em uma clareira. Eu estava bem. Confortável. E, simultaneamente, tinha tempo para escutar as mensagens que poderiam chegar e passar por mim. No último dia, ao sair da mata, me vi em um pequeno vale onde serpenteava um riachinho a caminho do rio. Era um lugar aonde tinha ido meditar várias vezes. Naquele momento, vi uma luz bonita no vale, uma luz forte. O vento balançava a grama alta. Era um belo contraste com a escuridão da vegetação densa de onde eu tinha

> saído. No momento, me senti muito bem. Confortável. Não estava cheia de angústia, como na maior parte do tempo. Tive uma sensação clara e precisa de que minha parada eram as plantas. Uma espécie de mensagem que me mandava ir na direção delas, porque era meu caminho. Foi uma sensação de plenitude, difícil de descrever. A sensação parecia aquela que surge um dia, depois de muito tempo debruçada em um problema matemático especialmente difícil, quando a solução surge como evidente. Aí, a gente se sente bem. Está tudo resolvido."
>
> — Valérie, etnobotânica, organizadora de trilhas e oficinas de sensibilização

Essa visão impulsionou e confortou a escolha de Valérie: viver orientada pelo aprendizado e pela transmissão de saberes sobre os vegetais e seus poderes. A priori, ela não se dedicou à pesquisa em botânica nem à farmácia, os dois campos principais reconhecidos na França para quem quer trabalhar com plantas. Ela abriu o espaço para outros caminhos, certa de que seria guiada por suas intuições e seus encontros. Contudo, mesmo que tenha se orientado mais concretamente no sentido das plantas após uma experiência de êxtase, ela pretendia se formar de acordo com uma abordagem muito racional e pragmática.

Dois anos após sua experiência mística, foi aceita em um curso de botânica no qual aprendeu, com método e precisão, a identificar as plantas que a cercavam e que agora acompanhavam seu caminho. "É preciso um conhecimento sólido para trabalhar com plantas. Não dá para improvisar, porque algumas plantas são parecidas, e é preciso conhecer as especificidades para distingui-las. É preciso saber os lugares e as exposições que elas preferem, saber encontrá-las." Para Valérie, nenhuma erva era ruim, nem daninha. Ela sabia identificar aqui um tapete de língua-de-ovelha, ali uma pequena colônia de celidônia-menor. Valérie identificava essas ervas, mal-amadas, arrancadas e recalcitrantes, e respeitava sua implantação, honrava seu vigor. Ela pesquisava suas virtudes terapêuticas, muitas vezes pouco conhecidas. Foi para aprofundar seu conhecimento das propriedades medicinais das plantas que ela estudou etnobotânica na faculdade: "A botânica prática é uma base indispensável, mas não aprendemos lá os usos das plantas. Eu poderia ter escolhido o estudo da naturopatia, muito substituída pela fitoterapia. Mas preferi a etnobotânica: há uma abordagem científica e naturalista, mas também uma pesquisa sobre usos populares e tradicionais. Todos os saberes do povo de antigamente, ou de pessoas de outros lugares. Era fascinante!". Foi com inteligência aguçada e uma paixão quase obsessiva pelo mundo vegetal que Valérie se familiarizou com o método científico próprio dos botânicos e farmacologistas, admirando suas descobertas, seguindo suas normas e aprendendo sua língua. Ela se dedicava a decorar as nomenclaturas comuns e científicas das plantas, assim como seu lugar nos grandes movimentos de classificação que vigoravam desde a fundação da disciplina. Ela aprendeu, comentou, desconstruiu, reconstruiu. Ela se empenhou em observar minuciosamente as particularidades de cada vegetal, da raiz à flor, em estações diferentes, registrando magnificamente as formas e cores em seus cadernos com o auxílio de lápis coloridos e colando amostras nos herbários, nos quais anotou datas, locais de colheita e virtudes. Havia tanta precisão e metodologia em Valérie quanto havia poesia. E foi com essa mesma curiosidade que ela experimentou o preparo de remédios, cujas receitas eram transmitidas por livros e encontros com pessoas selecionadas.

Sua cozinha parecia um laboratório. As prateleiras transbordavam de jarras, grandes e pequenas, de vidro transparente ou fumê. As jarras continham flores secas, grãos descascados, brotos desidratados, raízes dissecadas. Frasquinhos de vidro escuro que protegiam da luz eram etiquetados com informações precisas do nome e da data dos preparos caseiros que continham: "Tintura-mãe de milefólio, 2017", "Maceração em óleo de *Bellis perennis* — margarida (choques, contusões), 2018".

Do outro lado, potes minúsculos conservavam hermeticamente bálsamos de cera de abelha, cujas etiquetas indicavam se foram fabricados com castanha-portuguesa cozida e esmagada ou calêndula macerada. Um armário entreaberto estava repleto de saquinhos de papel pardo, anotados e cheios de vegetais que aguardavam para serem mergulhados na água quente e servidos em infusão ou dar origem a outras formas de decocção com poder curativo. Amarrados com barbante branco de algodão, pequenos buquês pendurados de cabeça para baixo serviam como guirlandas úteis e decorativas. Perto dali, em cima de papel-jornal estendido no fundo de um caixote que fazia as vezes de prateleira, florzinhas e grãos minúsculos perdiam a umidade aos poucos, ao longo dos dias. No cotidiano, Valérie colocava em prática seu aprendizado. Mais tarde, quando terminou os estudos e começou a dominar as plantas curativas, se interessou por conta própria pela rica e complexa farmacopeia ayurvédica. Ela gostaria de encontrar correspondências entre o uso das plantas europeias e indianas, e apreciava o lugar central dado às plantas na medicina holística indiana. Devido às regras que regulavam o exercício da farmácia e que proibiam a função de herbolária, Valérie não arriscou se dedicar à atividade terapêutica. Isso também aconteceu por ela ter consciência tanto da serventia quanto dos perigos das plantas. Por enquanto, ela se limitou a oferecer trilhas de reconhecimento botânico para leigos e a organizar oficinas para descrever usos populares cujo legado se perdera. Nessa perspectiva, criou o projeto de cultivar um jardim de sensibilização às plantas medicinais, um lugar no qual poderia investir e onde poderia transmitir.

À *la carte*

Outras mulheres optaram por formações mais curtas e ligadas aos domínios paracientíficos. A maioria das formações era especializada em métodos terapêuticos particulares, e as futuras terapeutas multiplicavam as inscrições *à la carte*.[8] Durante alguns dias, ou muitas semanas, controlavam as energias e as outras ondas que atravessam o corpo e o cosmo a partir de diversas abordagens (ocultismo ocidental, filosofias orientais), e experimentavam técnicas para medi-las e harmonizá-las. Florence era uma mulher de negócios que em breve faria 50 anos, cuja trajetória de vida foi abalada por um *burnout* profissional somado a um acidente vascular cerebral. O choque foi severo, e Florence se recuperou graças aos médicos, mas também às terapias alternativas. Convencida pela radiestesia, decidiu se formar em um curso com duração de algumas semanas em um instituto, por vontade própria, sem saber exatamente o que aconteceria. Ainda interessada, ela concentrou seus estudos no magnetismo, antes de se voltar para a medicina quântica, que a levou, então, à medicina indiana, às abordagens de "reprogramação celular", às terapias por sons, cristais, cheiros e cores. Armada dessa variedade de métodos, abriu um consultório para oferecer consultas de cuidados energéticos.

Enquanto Florence criou seu perfil ao escolher formações aqui e ali, as próprias escolas ofereciam cada vez mais programas *"à la carte"* aos futuros terapeutas e, mediante um pagamento significativo, ofereciam também a oportunidade de se iniciar em um conjunto de práticas, misturando saberes biomédicos difundidos e saberes das "outras" medicinas. Foi essa a opção de Pascale quando decidiu abandonar o emprego na contabilidade para se formar como terapeuta de saúde natural. Foi, nas palavras dela, "lançar a sorte"! Nesse verão, ela não se sentia bem emocionalmente, e o mal-estar atingiu o corpo. Ela tirou férias e passou uns dias caminhando. Ao voltar, uma coisa estava clara. Ela anunciou ao pai e ao parceiro: "Acho que vou parar de trabalhar". Alguns meses depois, parou, sem saber aonde ir.

Pascale escolheu mudar de profissão para a saúde natural

"Obviamente, me escutei e foi o primeiro toque de loucura. Porque, se tivesse considerado a situação — meu companheiro da época não trabalhava, minhas filhas ainda estavam na escola... E me vi sem nada, sem saber aonde ia, com uma sensação forte de que era o ponto de virada.

> Tirei um tempo para mim, li e li... Li todos os livros de Lise Bourbeau, e *O alquimista*, *A profecia celestina*... São livros que fizeram sentido para mim naquele momento. Eu me perguntei o que queria fazer da vida. E, na verdade, era certa loucura, porque pensei que minha vontade era escutar e dar às pessoas a energia necessária antes de quebrarem a cara! Eu queria intervir de modo natural para as pessoas não chegarem à depressão."

Nesse estágio, as ideias de Pascale vieram especialmente pelas obras de autoajuda que colecionava. Ela nunca fez um curso sequer na área da saúde... Sabia que queria fazer uma formação, mas a oferta era grande demais! Até que, um dia, enquanto fazia uma pesquisa na internet, ela se interessou por uma escola de naturopatia que oferecia um programa estendido ao longo de um ano escolar completo. As matérias pareciam bastante diversificadas e, do seu ponto de vista, "racionais". Dariam uma base que ela poderia aprofundar no futuro, conforme o necessário. Havia cursos de anatomia, fisiologia e semiologia, de clínica e massagens de medicina chinesa, e ainda aulas de acupuntura e acupressão. A ementa também previa, entre outras disciplinas, aulas de sofrologia e psicologia, reflexoterapia e iridologia, meditação e EMDR, fitoterapia e aromaterapia. Ela fez uma aposta e se inscreveu. Nas primeiras semanas, teve dúvidas: "Tive medo de não estar à altura, mas me esforcei porque era intenso mesmo. Os professores traziam muita coisa". Ao longo dos dias, porém, sentiu que tinha tomado a decisão correta. A formação englobava um painel amplo de conhecimentos e métodos, sem aprofundar todas as disciplinas, mas apresentando suas questões respectivas. A energética chinesa, em especial, agradou Pascale, e ela iniciou sua atividade de "saúde natural" depois de voltar para sua região com o diploma em mãos.

As formações vindas da esfera "psi" não ficam de fora. Na verdade, suscitam grande interesse da parte das futuras terapeutas, em uma sociedade de referências incertas. A oferta também é vasta, de inspirações, duração e qualidade diferentes. Para as curandeiras, ou aspirantes, essas formações dão acesso a ferramentas psicocorporais e de desenvolvimento pessoal que podem, como tantas outras chaves, ser usadas para desenterrar e tratar de emoções difíceis, consideradas a origem de mal-estar e doenças. Essas abordagens, em sua maioria, têm a intenção de superar os obstáculos emocionais e acompanhar as capacidades de autocura latentes em todos.

As formações vindas da esfera "psi" não ficam de fora. Na verdade, suscitam grande interesse da parte das futuras terapeutas, em uma sociedade de referências incertas.

Françoise por muito tempo exerceu o trabalho de assistente social em contexto hospitalar.[9] Ela sabia escutar e tranquilizar, considerar as dificuldades das pessoas e imaginar soluções com elas. Sua aparência generosa e seu sorriso agradável ajudavam a gerar confiança. Sua experiência profissional a levou a querer intervir ainda mais na dimensão psicológica dos males. Os cinco anos de faculdade de psicologia lhe pareceram demorados e difíceis agora que se aproximava dos 50 anos. Para avançar no seu projeto de se tornar terapeuta, então, ela escolheu fazer formações sucessivas em diversos métodos "psi" do universo de medicinas alternativas. Sua primeira formação marcou o ponto de partida de sua mudança de carreira: ela se voltou para a gestalt-terapia, uma abordagem psicoterapêutica holística difundida nos anos 1970, no rastro das psicologias humanistas. Françoise gostou muito da formação e, em seguida, acrescentou a essa base outra, dedicada ao método da "constelação familiar", que trabalhava bloqueios pessoais oriundos de relações familiares degradadas. Para continuar a trabalhar com essas questões, Françoise estudou psicogenealogia em um curso particular. A abordagem possibilitava considerar os acontecimentos traumáticos vividos por outros membros da família que poderiam ter impactado sua vida, após várias gerações. Depois, Françoise, motivada por experiências vividas no exterior e por encontros nas redes de medicinas complementares, se dirigiu às abordagens mais psicomísticas: ela se tornou neoxamã, após um programa de um centro onde estudou e praticou por cinco semanas. Ela conduzia "viagens" aos mundos ocultos aonde iria em busca de mensagens de cura dirigidas às pessoas que deveria tratar. O conjunto das técnicas terapêuticas escolhidas por Françoise não é reconhecido; ela não pode exercê-las no hospital, e pretende mudar o ambiente de trabalho em breve. Ela escolheu situar sua nova atividade em um antigo apartamento burguês no centro, que decorará com cores e suavidade antes de acolher os primeiros clientes.

Desenvolver sua intuição e se comunicar com o invisível

Para muitas curandeiras, o aprendizado de técnicas terapêuticas concretas é enriquecido por práticas cada vez mais conectadas ao invisível. A empatia, a inteligência relacional, a intuição, a capacidade de sentir "outros mundos" estavam entre as principais qualidades aprendidas pelas antigas curandeiras. Hoje, essa passagem iniciática se dá implicitamente nos espaços de formação, pelo viés dos encontros e ao longo de experiências sucessivas de cuidado. Pois, longe de serem qualidades natas, essas disposições exigem uma confiança e um treinamento para ter verdadeiro sucesso no tratamento.

Pascale pensa nas pessoas com quem passou quase um ano inteiro enquanto preparava sua mudança de carreira. Dividiu e aprendeu muito com elas: "São recortes da vida que se encontram. Somos massageados, massageamos os outros, vamos ao cerne da pessoa e ao nosso coração, sem saber onde vamos parar! É pura aventura. Foi incrível! Na somatologia, os professores nos convidam a nos aprofundar ao máximo em nossas barreiras. Foi uma formação muito completa mesmo. Enfim, foi, sim, uma iniciação, no fundo. Saí de lá transformada. Completamente".

Ao longo da formação, de seus encontros e de suas novas experiências, Pascale sentiu cada vez mais o que chama de "energias". Ela percebeu certas sensações quando toca outras pessoas, captando informações sobre o estado de saúde dos colegas que se revelaram verdadeiras. Esses meses abalaram sua relação com o corpo e o mundo ao seu redor.

A empatia, a inteligência relacional, a intuição, a capacidade de sentir "outros mundos" estavam entre as principais qualidades aprendidas pelas antigas curandeiras.

Quando chegou o fim da formação, a emulação coletiva deu lugar à solidão e à insegurança, bem quando deveria iniciar seu empreendimento e tentar viver disso. Ela começou a atividade em um consultório e deixou de lado tudo que tem relação com suas percepções mediúnicas incipientes. Ela chegou a negar essas capacidades: "Eu pensava: 'Quem você acha que é para fazer isso? Para sentir isso? Para acreditar e indicar o que sente e dar informações a partir disso, e ainda dizer que essa informação é importante? Quem?'". A partir daí, ela encontrou mais precisão ao se ater às técnicas de medicina chinesa que estudou. Três anos depois, teve a sensação de ter se "escondido" atrás da acupuntura para não precisar assumir o que sentia. Ela aceitou, então, pouco a pouco, sua sensibilidade às energias dos outros e do que a cerca, no seio de um mundo que lhe parecia muito mais vasto e complexo do que o que as percepções humanas possibilitam descrever. Assim, ao tocar a barriga, a cabeça, as costas ou os pés das pessoas que a consultam, ela às vezes se sujeita a sensações peculiares: formigamento, calor, alfinetadas, ou até dores no corpo que, segundo ela, servem de indícios para entender o sofrimento dos clientes. Com esse contato, emoções que nem sempre parecem lhe pertencer surgem e a invadem. Outras vezes, ela vê imagens ou escuta sons, chegando a cenas ou mensagens que vêm de sua interioridade profunda ou de guias invisíveis. Ela também tem a impressão de conseguir transmitir energia aos outros — "que nem um canal, ou uma torneira!" — e de pressentir a energia dos mortos ou de entidades que poderia ser nociva à saúde das pessoas. Pascale aceita a parte irracional dessas percepções, que vão ocupando cada vez mais espaço em seu trabalho, e confia nelas para orientar e munir a eficácia dos tratamentos.

Émilie, por sua vez, não descobriu as capacidades mediúnicas quando adulta. Ela via mortos desde a infância, sem ter coragem de falar do assunto. Quando jovem adulta, inicialmente se voltou para formações conectadas às energias, sem saber o que fazer com suas visões e as deixando de lado por um tempo. Na primeira escola, aprendeu os poderes terapêuticos atribuídos às pedras, minerais multicoloridos de virtudes diversas, utilizadas na magia-feitiçaria das curandeiras desde a época medieval, de acordo com os princípios de contágio e correspondência entre os elementos da natureza. Escolhidas com cuidado e apoiadas na altura dos centros energéticos do corpo, essas pedras harmonizariam o equilíbrio vibratório perdido. A segunda formação especifica a vocação terapêutica de Émilie: ela, que não tem o "dom" nem o "segredo", ainda assim gostaria de curar com as mãos e com o apoio do invisível. Portanto, acompanhou um programa de estudos de "tratamentos energéticos" em outra escola: a abordagem era sincrética e propunha abordar, em sequência, os princípios e as práticas da energética chinesa, indo-tibetana e indiana, a cromoterapia e a terapia por sons e cheiros. A noção de "energia do universo" está no cerne da nova prática curandeira de Émilie: é uma expressão confortável, apesar de simplificada, para designar sob a mesma realidade os conceitos complexos de culturas distintas, como o *qi*, princípio que anima o movimento da vida na medicina chinesa, ou o sopro vital que os hinduístas chamam de *prana*. A energia permite falar das forças invisíveis como são concebidas popularmente no Ocidente, como, por exemplo, entre os feiticeiros rurais franceses que usam bastões de aveleira para encontrar veios de água ou entre os radiestesistas que medem a intensidade vibratória com o pêndulo.

Para a maioria das terapeutas como Émilie, a energia é a substância que anima e atravessa todos os seres vivos. É uma noção de convergência de todas as medicinas holísticas. Hoje, quando Émilie trata alguém, apela para essa energia universal: "Entro em um estado um pouco meditativo, quase automático. Deixo o mental de lado. Eu me esvazio, me centralizo. Visualizo a abertura do meu último chacra, que está conectado ao espiritual e à energia do universo. Crio uma bolha de proteção para a pessoa e para mim antes de apoiar as mãos, em sequência, em cada um de seus sete chacras. Nesse momento, me apresento como um canal, que capta essa energia pelo chacra coronal e a redistribui às pessoas pelas minhas mãos, na altura de seus centros energéticos ou das zonas que percebo como mais fracas".

Contudo, Émilie continuou a conviver com a interrupção frequente dos mortos no cotidiano. Portanto, se inscreveu em um curso de mediunidade, não para aprender a se abrir a essas percepções, como é a intenção da maioria dos participantes, mas para "aprender a fechar a porta para essas almas ou para as energias negativas quando não é hora". Com essa formação, Émilie dominou suas percepções e decidiu combiná-las a seus tratamentos: "Percebo que, quando me conecto com o mundo espiritual, as coisas funcionam melhor. Peço para meus guias e para os mortos que se apresentam nas consultas me ajudarem a fazer o correto e necessário para as pessoas. Suas mensagens sempre chegam pela minha orelha direita. Uma voz fraca que me orienta e me diz para apoiar as mãos aqui ou ali". Enquanto a biomedicina constrói sua eficiência em cima da racionalidade e do positivismo, a abordagem terapêutica cada vez mais utilizada por Émilie, assim como por outras terapeutas, vê a eficiência do tratamento na aliança entre práticas empíricas, crenças nos poderes invisíveis e espiritualidade.

As voltas e reviravoltas dos percursos de formação das curandeiras de hoje em dia desenham perfis de terapeutas muito variados. É difícil tentar categorizá-los. Elas têm a arte de combinar, com singularidade e originalidade, abordagens terapêuticas diversas, desde que vejam nelas um potencial de eficiência. A imagem oferecida pela atividade das curandeiras atuais lembra um caleidoscópio. Várias facetas que se combinam, entre eruditas e populares, locais ou exóticas, tradicionais ou modernas, racionais ou não. Certas facetas são mais ou menos visíveis e pronunciáveis no contexto atual da hegemonia biomédica: a sensibilidade, a empatia, a intuição, a capacidade de percepção, os elos com o invisível — tantos saberes que essas curandeiras se dedicam a desenvolver discretamente para usá-los em seus tratamentos. Elas se envolvem assim no aprendizado e na descoberta de outra relação consigo, com os outros e com o mundo.

As voltas e reviravoltas dos percursos de formação das curandeiras de hoje em dia desenham perfis de terapeutas muito variados.

Os caminhos da profissionalização

Para muitas terapeutas, oferecer cuidados de medicinas complementares ou alternativas é, hoje, uma atividade de transformação profissional. Geralmente começa com uma mudança de emprego e busca de um cotidiano mais alinhado com ela e com a vida pessoal e social que deseja ter. Porém, a mudança também implica a profissionalização da atividade, para que, no mínimo, sustente as necessidades da família, permita a realização de projetos e pague pelas formações.

Instalar-se em um local agradável e bem posicionado é uma primeira etapa. Françoise alugou um apartamento para suas sessões de neoxamanismo, Florence reformou um pequeno imóvel herdado da avó para criar ali um instituto de medicina quântica. Pascale alugou um consultório em uma casa de saúde, onde convive com outras terapeutas, enfermeiras autônomas, psicólogas e fonoaudiólogas. As curandeiras organizam sua agenda de consultas, arrumam o consultório com poltronas e, às vezes, macas de exame médico, decoram as paredes com cartazes que representam diagramas anatômicos ou os trajetos dos meridianos da medicina chinesa, criam um clima relaxante de iluminação, distribuem objetos decorativos de inspiração étnica... Esses espaços de trabalho são indispensáveis, mas exigem mais custos.

A segunda etapa é se registrar como empreendedora e, para algumas delas, contratar seguros especializados. O status de empreendedora curandeira as obriga a pagar impostos ao Estado por atividades que o governo não reconhece. Elas têm permissão de vender a prestação de serviços e são autorizadas, ao contrário dos médicos, a fazer propaganda de suas ofertas. O boca a boca ainda é a melhor comunicação, mas outros modos de aparecer na paisagem terapêutica local se mostram cada vez mais inevitáveis. As novas curandeiras imprimem cartões de visita e folhetos, com o cuidado de encontrar gráficos e ilustrações originais adequados. Bambus, seixos, flores de lótus normalmente decoram os cartões das terapeutas de inspiração ou formação asiática, enquanto símbolos ameríndios, maias ou incas estampam o material daquelas influenciadas por práticas rituais das populações indígenas das Américas. Ervas e flores representam a naturopatia ou a aromaterapia, enquanto formas geométricas futuristas evocam o universo das paraciências. A identidade visual é importante quando todas precisam encontrar seu lugar no mercado cada vez mais concorrido de tratamentos do bem-estar.[10]

Encontramos esses cartões em pontos estratégicos variados: caixas de padaria têm a vantagem do fluxo grande de pessoas, enquanto os salões de beleza e esteticistas têm maior clientela feminina, grande consumidora de medicinas complementares e alternativas. Os balcões de mercadinhos orgânicos e lojas de produtos naturais parecem especialmente dispostos a expor essas propagandas. Em paralelo, a internet também é um modo de divulgação: os sites personalizados oferecem a possibilidade de explicar seu percurso, descrever seu método e o funcionamento das sessões, anunciar os benefícios esperados dos tratamentos e informar as tarifas e modalidades de consulta.

Os preços das consultas, que duram em média uma hora, variam de quarenta a 125 euros. Estabelecer uma tarifa é sempre uma etapa complicada para as novas empreendedoras. Pascale começou cobrando por volta de trinta euros por sessão para fidelizar a clientela na região mais pobre onde mora. Porém, os preços inferiores aos das concorrentes diminuíam sua credibilidade. Florence cobrava cinquenta euros por hora, mas atendia clientes por até duas horas, para garantir que saíssem satisfeitos... Quanto valem os tratamentos propostos? O que legitima cobrar tais valores das pessoas? Como sobreviver com base nessa atividade? São raras as seguradoras que reembolsam esse tipo de tratamento, e a cobertura é limitada a certas práticas terapêuticas, em quantidade anual baixa de sessões. O serviço de saúde pública não reembolsa nenhuma dessas consultas, pois elas não se enquadram em atividades convencionais nem são conduzidas por profissionais da saúde. Com o tempo, as terapeutas ajustam o preço para garantir um salário mínimo ou que considerem justo.

Certas curandeiras, especialmente aquelas que exercem o dom e o segredo, reprovam essa abordagem profissionalizada e comercial do cuidado. Para elas, cuidar não pode ser uma atividade profissional e paga. O dom é uma dádiva divina e não pode ser quantificado. Aliviar os outros é uma forma de honrar essa dádiva. Porém, isso não impede as doações das pessoas que recorrem a elas. Em suas salas de estar, salas de jantar ou quartos de visita, elas retiram o "fogo" ou uma alergia, secam uma verruga ou aliviam as dores do reumatismo. Pendulam, manipulam e magnetizam. Quando os visitantes vão embora, normalmente deixam uma nota de cinco, dez ou vinte euros no canto da mesa, ou garrafas de bebida, belos legumes ou alguma guloseima. Nada que elas tenham pedido especificamente. Para Christine, que "retira o fogo" e trata por intervenção dos anjos, propor consultas pagas é sinal de charlatanismo e fraude. Christine não é rica, tem casa própria, mas frequentemente tem dificuldade de pagar as contas. Porém, é a guardiã das tradições populares na questão da retribuição dos tratamentos que oferece. Isso a inclui nas relações de solidariedade e serviço entre sua comunidade.

Essas duas posturas opõem hoje as curandeiras que exercem à margem do sistema de saúde. Antigamente, essas mulheres estavam no cerne de uma relação de força entre a medicina erudita e as medicinas empíricas, a medicina reservada à elite e as medicinas do povo. Eram elas que cuidavam dos mais desfavorecidos, fossem freiras ou mulheres-que-ajudam. Teciam a solidariedade feminina e as relações familiares no espírito da devoção, sem pedir dinheiro em troca. Hoje, a biomedicina é acessível à população como um todo, e foi ela que se tornou popular, enquanto as medicinas das curandeiras, por sua vez, se dirigem às pessoas que têm recursos para pagar por consultas ou que priorizam esses tratamentos no orçamento quando recebem quantias mais parcas. Para muitos, essas consultas ainda são inacessíveis.

Para certas curandeiras, cuidar não pode ser uma atividade profissional e paga.

É verdade que as curandeiras que mantêm a tradição da gratuidade dos cuidados e da doação prolongam uma herança popular preciosa, em uma sociedade estabelecida sobre o consumo. Com o cuidado de não ceder a tal modelo, Christine não aceita dinheiro e prefere ajuda para aparar a sebe e trocar o óleo do motor, conservas de legumes para o inverno, incenso trazido de viagens à Índia, ou água benta de Lourdes. A importância que ela dá a esse princípio contrasta com a verdadeira indústria dos serviços de bem-estar que se desenvolveu recentemente, longe das realidades rurais das medicinas de antigamente ou das ambições revolucionárias nutridas pelas terapias *New Age* do século passado.

Ao mesmo tempo, na história das próprias curandeiras e, de modo mais amplo, das cuidadoras, vemos nessa profissionalização das novas terapeutas a realização de uma ambição: de garantir não apenas a subsistência, como também a independência material e o reconhecimento simbólico pelo cuidado que propõem. Tornar-se profissional é considerar como trabalho o fato de aliviar as pessoas, ouvi-las, dar voz a sua alma e seu corpo, ajudá-las a se sentirem presentes consigo mesmas e no mundo, acompanhá-las em sua busca de cura, mas também em sua necessidade de sentido e, às vezes, de espiritualidade. É dar valor aos conhecimentos de vida e prática que vêm da preocupação com o outro, da solicitude, e que ainda são frequentemente banalizados. Ao se tornarem profissionais, elas contribuem para expandir sua visibilidade na sociedade e insistem em seu lugar em uma paisagem terapêutica da qual foram oficialmente expulsas durante vários séculos. Hoje, participam majoritariamente na redefinição dos cuidados marginais, voltados para o respeito das emoções, das relações humanas, do corpo, da natureza, há muito tempo esquecidos pela biomedicina, e integrando os mistérios do invisível e da espiritualidade, às vezes necessários em momentos de infortúnio ou doença.

Resta às curandeiras contemporâneas pensar na mobilização coletiva para proteger suas particularidades, delimitar seu campo de atividade, definir sua ética profissional e insistir em sua utilidade social. Para pensar em pontes com o mundo médico sem ceder demais ao canto da sereia da medicina integrativa, que integra menos as curandeiras e seu universo do que suas técnicas mais decisivas. O caminho parte da capacidade coletiva de pensar nessas pontes, explicitar e experimentar as práticas, desconstruir os preconceitos, encontrar terrenos de acordo e compreensão, situar seu lugar e o lugar do outro entre cuidadores de horizontes diferentes, unidos pelo desejo de cuidar.

A seguir, três relatos de consultas[11] com terapeutas contemporâneas de histórias e métodos muito diversos. Sentimos o envolvimento afetivo dessa mulheres, sua ancoragem no real e a parte que reservam ao invisível.

Maïté, aliviadora de males e magnetizadora

Roland sofria de hérnia de disco já havia alguns anos. Para esse homem de barba grisalha e muito adepto da "bricolagem", a dor era cotidiana e debilitante. Ele não gostava de hospitais e se recusava a ser operado. "Um dia, vai precisar considerar!", disse o médico. Enquanto conseguia, Roland aguentou...

Maïté era uma vizinha de seu cunhado. As pessoas passavam sem parar na frente da casa dela. Ela era conhecida nos arredores por ser magnetizadora. Diziam que ela era "forte", se comparada com outras magnetizadoras da região. Roland cogitava visitá-la um dia, talvez... Sua esposa já recomendara, pois constatara pessoalmente a eficácia da magnetizadora. Um dia, na casa do irmão, foi buscar espreguiçadeiras no quartinho dos fundos do jardim, para aproveitar o sol da primavera. Um enxame de vespas tinha se instalado ali durante o inverno. Perturbados, os insetos a atacaram violentamente. Os gritos dela alertaram os vizinhos, que se precipitaram para ajudar; seu marido pulverizou as vespas e botou fogo no vespeiro. As costas dela foram picadas várias vezes, e três quartos da pele da área já estavam cobertos por uma mancha arroxeada. Maïté então tentou "fazer alguma coisa". Sem tocar a pele, levou a mão para perto da área inflamada, por alguns minutos, e finalmente a afastou e sacudiu vigorosamente, como se para secá-la. A mão de Maïté ficou de uma cor estranha: quando ela "toma o mal", fica muito vermelha, com manchinhas brancas, e, quando Maïté o arranca com um gesto seco, a pele volta a clarear. A dor aliviou rápido e, quando a esposa de Roland voltou para uma segunda sessão, dois dias depois, a mancha já tinha desbotado muito.

Maïté é uma senhorinha que vive no interior onde nasceu e cresceu. Seu nascimento foi difícil, porque ela estava com o cordão umbilical enroscado no pescoço, "dando nó". Apesar de não ter nascido "empelicada" pela placenta, rapidamente foi considerada, pelas amigas da mãe, uma menininha especial. Diziam que ela "tinha o dom" e que o descobriria quando fosse adulta. A mãe, às vezes, falava disso durante a infância e a adolescência dela, mas Maïté na época deu pouco crédito à história. No início do primeiro casamento, ela não pensou muito nisso, até ficar intrigada por sentimentos: percebeu, de forma cada vez mais aguda, a tristeza, a angústia e as intenções, boas ou ruins, dos outros. Seus sonhos, às vezes, também tinham um realismo desconcertante: ela se via conversando com os mortos da família. Quando isso acontecia, ficava desestabilizada. O marido não gostava que ela falasse do assunto, nem com ele, nem com ninguém. Ela precisou guardar para si suas "fantasias". O casamento era infeliz. Maïté consultou várias videntes, porque frequentemente se sentia exausta. Todas diziam que ela tinha "muito magnetismo", e uma curandeira determinou que sua fadiga "certamente vem daí": "O magnetismo cansa muito, ainda mais para quem não o utiliza. É preciso curar para se sentir melhor". Após vinte anos de casamento, ela pediu o divórcio. "Foi um renascimento! Eu mudei! Senti que virei outra mulher!"

A mão de Maïté ficou de uma cor estranha: quando ela "toma o mal", fica muito vermelha, com manchinhas brancas, e, quando Maïté o arranca com um gesto seco, a pele volta a clarear.

Liberar as intuições

No ímpeto dessa nova vida, Maïté liberou as intuições: "Fui ficando cada vez mais capaz, quando alguém entrava na minha casa ou quando eu via conhecidos na rua, de saber como aquelas pessoas estavam, às vezes até o que elas pensavam. Eram coisas que eu pressentia, ou imagens que enxergava. Não sou vidente, enfim, não tiro baralho, mas tenho pressentimentos muito fortes". Maïté cogita se é capaz de outras coisas igualmente extraordinárias. Quando, um dia, a cunhada vai visitá-la, reclama de uma micose na unha do dedão do pé que não passa apesar de todos os tratamentos recomendados pela farmacêutica. Maïté aproveita o momento para experimentar seu suposto dom de nascimento e o magnetismo poderoso que a exaure. Ela propõe tentar "fazer". As duas riem, mas Maïté fica séria e se dedica. Ela impõe as mãos, formula um pedido mentalmente, e espera. Alguns instantes depois, ela vai lavar as mãos, enquanto a cunhada gargalha da situação. Contudo, é ela que liga para Maïté três dias depois: "Imagina só?! A micose está passando! Nem acredito!". Ela volta a visitá-la, e o fungo finalmente se vai inteiramente... Desde então, a família e os amigos todos passam pelas suas mãos.

Não se ensina a "rebouter"

Aos poucos, ela recebe vizinhos, amigos, conhecidos. Tem bons resultados com herpes-zóster, queimaduras e verrugas. Ela se lembra da primeira queimadura grave que tratou. A mulher tinha queimado a mão ao cozinhar uma lampreia. Enquanto a magnetizava, a mulher dizia sentir frio, apesar de Maïté estar com as duas mãos ardendo de calor. "Quando pego algum mal, minhas mãos esquentam e sempre mudam de cor..." No início dos anos 2000, se sentindo pronta, ela distribuiu alguns cartões de visita nas lojas dos vilarejos vizinhos. Ainda mais gente foi consultá-la. Ela cobrava vinte euros, trinta quando precisava se deslocar. O novo marido a encorajou. Iam à sua casinha entre plantações e vinhedos para tratar todo tipo de mal: enxaqueca, terçol, artrose, dor de barriga, ciática, nas costas. "Não tenho a mesma competência dos fisioterapeutas, isso eu sei! Se tivesse mais instrução, teria gostado de trabalhar com isso. Adoro fazer massagem. É raro que as curandeiras façam massagem, porque em geral é mais da área dos *rebouteux*..." E "*rebouter*", segundo ela, não se ensina. Vem sozinho. Ela começa a massagear com um óleo canforado que esquenta. Depois, suas mãos "vão sozinhas" procurar os nós e pontos de tensão. Os dedos se deslocam e, quando encontram uma "bola" debaixo da pele, um lugar onde os músculos estão contraídos, eles "trabalham", traçam círculos, amassam à direita, à esquerda, até relaxar as zonas doloridas.

O magnetismo cansa muito, ainda mais para quem não o utiliza. É preciso curar para se sentir melhor.

O *tablet como apoio*

Roland decidiu se consultar. Ela o recebeu na sala de jantar repleta de plantas verdes e o convidou a se sentar à mesa. Como ela não pretendia massageá-lo, não disse para ele se deitar na cama do quarto de hóspedes. Ela perguntou sobre o lugar dolorido. Roland falou da hérnia na terceira vértebra lombar. Maïté colocou os óculos, afastou uma mecha castanha que caiu nos olhos e pegou o tablet. A tecnologia do objeto contrastava com o estilo antiquado da decoração: um relógio de madeira marcava ruidosamente cada segundo, na frente de um aparador imponente abaixo de um espelho. Uma bela sopeira pintada se destacava. É dentro dela que Maïté guarda os pêndulos e cristais. Ela os usa especialmente quando está sozinha e procura respostas para suas dúvidas. Uma oscilação circular para sim, uma oscilação lateral para não. Porém, diante de Roland, ela se ateve ao tablet, que usava com o comando de voz.

— Hérnia, terceira vértebra lombar — pronunciou distintamente.

Ela observou as indicações e especialmente as imagens de anatomia em três dimensões propostas pelo sistema de busca.

— Hum! Deve doer muito mesmo! Vamos tentar fazer alguma coisa.

Maïté pediu a Roland, que é no mínimo duas cabeças mais alto do que ela, que se levantasse, e o posicionou diante da janela, olhando para o horizonte.

— Posso? — perguntou baixinho.

Roland fez que sim com a cabeça. Ela deslizou a mão pela coluna dele e parou.

— É aqui?

Outra confirmação com a cabeça. Maïté começou a magnetizar com movimentos de vaivém na altura da zona afetada. Segundo Roland, a mão ficou acinzentada, como se estivesse suja. Maïté a sacodiu até retomar à cor original. Ela continuou. De repente, Roland sentiu os joelhos se flexionarem.

— O que houve? Algum problema? — perguntou a senhorinha, preocupada.

— Não sei, parece que alguma coisa se soltou no meu corpo, pelo menos nas pernas. Está tudo bem. Pode continuar.

As sensações estranhas continuaram em Roland conforme Maïté prosseguia com o tratamento. Ele se sentiu puxado para trás, como se por um ímã. Maïté colocou uma cadeira atrás dele.

— Não vai ser a primeira vez que derrubo alguém — brincou ela, orgulhosa da "força".

Roland teve a impressão de que a mão, que esquentava sua lombar, agia como um aspirador. Ele visualizou uma peneira que filtrava as "coisas ruins" e guardou essa imagem. A mão de Maïté continuou o vaivém e a variação de cor. Depois de mais de vinte minutos, talvez trinta, a curandeira parou, considerando que chegara ao fim da sessão.

Roland voltou para mais três consultas, e, ao fim das sessões, a dor desapareceu de vez. Ele sente muita gratidão: "Ela deu um jeito de queimar minha hérnia. Com o calor que emana das mãos. Ela tirou meu mal". Muitos anos depois, as dores nunca voltaram, e a operação foi adiada, talvez para sempre?

Iam à sua casinha entre plantações e vinhedos para tratar todo tipo de mal: enxaqueca, terçol, artrose, dor de barriga, ciática, nas costas.

Pascale, praticante de cuidados naturais e médium do corpo

Pascale recebeu Elsa em um cômodo pequeno com cheiro de sândalo, iluminado por uma luminária de cristal de sal que emanava uma luz alaranjada suave. Elsa gostava do consultório situado em um complexo de saúde e bem-estar. O espaço era acolhedor, impecável sem ser asséptico. Uma escrivaninha ficava encostada na parede, para não criar obstáculo entre a terapeuta e a cliente. Pascale a convidou a sentar-se na poltrona a seu lado. Perto da janela, uma maca de massagem estava coberta por um tecido macio. No canto, havia uma pia. Em outro canto, uma mesinha coberta por alguns frascos, velas e bastões de incenso. Tapetes coloridos estavam espalhados pelo chão. Na parede, as tarifas: 45 euros pela sessão de uma hora. E também algumas pinturas feitas por clientes regulares. Essas obras eram apaziguantes, e não invasivas; criavam uma espécie de cumplicidade. Na placa externa, Pascale escreveu: "terapeuta de saúde natural".

Para ela, assim como para o curso que a formou, essa atividade designaria um modo de agir holística e naturalmente com o corpo e o espírito, sem apelar para remédios industriais ou técnicas invasivas. Os conhecimentos em medicina chinesa constituem sua base fundamental. Ela alia a eles outros saberes de naturopatia, aromaterapia, auriculoterapia, reflexologia, desenvolvimento pessoal e medicina quântica. Os cuidados de Pascale também mesclam outras práticas intuitivas e mediúnicas, que não se ensinam em cursos. Ninguém vai ver Pascale em busca de "bem-estar" no sentido do "relaxamento". Suas consultas não são um momento de descanso, mas a hora de falar, às vezes dolorosamente, de raivas e dificuldades.

Na placa externa, Pascale escreveu: "terapeuta de saúde natural". Para ela, assim como para o curso que a formou, essa atividade designaria um modo de agir holística e naturalmente com o corpo e o espírito, sem apelar para remédios industriais ou técnicas invasivas.

Falar do que dói no cotidiano
— Por que você veio aqui hoje? — Pascale perguntou a Elsa no início da sessão.

A pergunta a desestabilizou um pouco. A jovem, como todas as outras pessoas que consultam a terapeuta, não se queixava de gripe, nem de dor nas costas. Era preciso expressar aquela "outra" coisa que a levou a empurrar a porta da curandeira, falar do que dói fisicamente no cotidiano, contar o que a doença abala na existência, se recusar a esconder os estados emocionais instáveis. Dizer o quanto aquela dor abaixo da altura dos rins, de aparência benigna, parasita o cotidiano e mexe com os nervos. O quanto a garganta e a barriga se apertam em toda reunião de trabalho, em todo jantar em família, a ponto de paralisar. Falar desse sentimento de melancolia ou mal-estar que às vezes enevoava o pensamento, sem que se identifique a razão mais profunda. Expor a angústia ligada à incerteza dos médicos quanto ao resultado de uma gravidez ou de uma doença grave e evolutiva. Mencionar a fragilidade da existência e o medo da morte. As palavras nem sempre surgiam de imediato, e se misturavam ao silêncio, como a respiração. Em outros momentos, as palavras se derramavam em torrentes descontroladas, livrando, em parte, as clientes de Pascale do peso do infortúnio. Infortúnios particulares e da sociedade atual, mas também muito atemporais e universais, revelando as fragilidades existenciais.

Entre médicos e pacientes, há muito implícito: um diz a disfunção sem formular o pedido, o outro "se encarrega" sem encorajar a "participar" da compreensão do mal e da elaboração do tratamento.

Chegando perto dos 40 anos, Elsa descreveu uma fadiga intensa, que considerava estar ligada ao seu trabalho como produtora de eventos. Um trabalho muito envolvente em uma pequena empresa fundada por ela própria, e onde sempre devia passar a impressão de ter energia para dar e vender, para determinar o tom da equipe e atrair clientes. Ela precisava inovar, competir, gerenciar a administração, a logística e os recursos humanos sem parar. Além do mais, a profissão frequentemente a obrigava a viajar, e ela tinha a impressão de estar constantemente dispersa, sem ponto de ancoragem. Isso já tinha três anos. Ela estava esgotada, mas não queria abrir mão do projeto. Contudo, se sentia cada vez menos criativa, sendo que essa qualidade é indispensável para a atividade. Havia mais de um ano, sofria de enxaquecas fortes, de insônia e de dor cervical.

Entender os motivos do mal-estar
As curandeiras como Pascale pertencem ao mesmo contexto social dos clientes. Elas sabem escutar, dedicar o tempo para a palavra surgir e

considerá-la com atenção. Hoje, é raro que médicos tomem o tempo de ouvir esses testemunhos, cujos detalhes e desvios não parecem sempre úteis ao diagnóstico. O silêncio e o olhar bondoso de Pascale, as perguntas sutis, encorajaram Elsa a se abrir sem medo de ridículo ou julgamento. Inquietação, exaustão, brigas, angústias e dores físicas foram expressas em uma torrente de palavras sem começo ou fim. Quando falou sobre tudo, sem interrupção, a terapeuta perguntou a Elsa, com uma réplica maliciosa, o que exatamente ela esperava encontrar ali. Era um modo de encaminhá-la para o processo terapêutico. É raro, também, que médicos conversem sobre a percepção que o paciente tem da colaboração. Entre médicos e pacientes, há muito implícito: um diz a disfunção sem formular o pedido, o outro "se encarrega" sem encorajar a "participar" da compreensão do mal e da elaboração do tratamento.

Elsa explicou a Pascale que gostaria de poder aliviar um pouco aquele peso que carregava, e não se ver mais vítima das dores de cabeça que a enfraqueciam. Também de dormir melhor, talvez passando mais tempo em casa. Ela gostaria de se sentir apaziguada, mais serena, mais ancorada. Saber se devia seguir nesse caminho profissional, e como fazê-lo sem tanto custo. Pascale não fazia milagre, apenas uma tentativa de entender os motivos do mal-estar do ponto de vista energético. Isso poderia complementar as explicações de ordem biológica ou psicológica que ela já identificara com os médicos.

O ventre, centro emocional do corpo

Pascale pediu à cliente que se deitasse na maca de massagem. Ela continuou a busca por informação e foi procurar, no sensível e no invisível, as causas dos incômodos explicitados alguns instantes antes. Começou pela sensibilidade, tateando o tônus dos músculos dos braços, aferindo a pulsologia chinesa, levantando as pernas para avaliar sua resistência, balançando os pés para o lado, pressionando a planta dos pés com os polegares. A pele resiste ou relaxa, firme ou fleumática, sólida ou mole. Pascale continuou: beliscou a pele para sentir a elasticidade, examinou a cor da pele e o brilho das unhas, apalpou a rigidez da nuca e das vértebras. Deu a volta na maca para mudar o ângulo de observação e captar desequilíbrios que lhe teriam escapado de outro modo. Apoiou as mãos nos tornozelos, debaixo da cabeça. Fez pressão suave com a ponta dos dedos nas duas clavículas, e às vezes na cavidade das orelhas. Em seguida, apertou com os dedos certos pontos da barriga, de acordo com uma cartografia híbrida própria dela, composta de elementos da anatomia biomédica e dos circuitos energéticos orientais. Ela apalpou, massageou e apertou de novo. A barriga fala, entre movimentos e barulhos. Os gestos de Pascale, ainda firmes, atingiam alvos dolorosamente dissimulados nas vísceras, o que às vezes fazia Elsa gemer em desconforto. Ela ria.

— Ah, esse ponto energético aqui não deve ser nada agradável para você mesmo! — dizia ela, com um sorriso irônico e compassivo.

Pascale levantou as mãos, que pairavam acima do abdômen, da cabeça pesada, dos pés inchados. Procurava mensagens mais sutis do que as transmitidas pelo toque.

Pascale voltou ao ventre, que considera o centro emocional do corpo, e apoiou a palma da mão. Ela bocejou muito, resmungou um pouco, riu de novo, levantou as sobrancelhas, arrotou discretamente. Com a outra mão, apalpou partes do próprio corpo: sensações novas surgiam com o contato de Elsa, dando informações mediúnicas sobre o estado de saúde física, emocional e energética da cliente. Ela aquiesceu e murmurou, parecendo envolvida em uma conversa imaginária. Fechou os olhos, olhou para o vazio. Não parecia mais enxergar a mulher deitada na maca. Em seguida, Pascale levantou as mãos, que pairavam acima do abdômen, da cabeça pesada, dos pés inchados. Procurava mensagens mais sutis do que as transmitidas pelo toque. Subiu e desceu as mãos, como se para medir a espessura de um envelope invisível que embrulhava o corpo, para identificar relevos, furos ou protuberâncias. De vez em quando, parava em centros energéticos da medicina chinesa, chacras da medicina ayurvédica indiana, ou pontos que estimulassem especialmente seu pressentimento. Ou as três coisas? Ou nada disso, mas outra coisa diferente? Os bocejos de Pascale se intensificaram. O rosto mostrava expressões de incompreensão, e depois de compreensão, como se conseguisse traduzir uma língua estrangeira. Pascale interpretava o sensível e o invisível que se expressavam pela observação, mas também por sensações físicas que não via como suas. Uma ardência no cotovelo, um arranhão na omoplata, um calor no baixo-ventre. Ao tocar Elsa, foram as orelhas dela que apitaram: "Ela não entendia que o corpo estava pedindo para ela descansar", refletiu. "Fazia tocar uma espécie de alarme nos meus tímpanos. Tinha muita pressão na cabeça."

Ela escuta palavras e frases dentro de si, vê figuras, percebe conceitos. Chama essa linguagem de "pressentimento" e aprendeu a confiar nela, tanto na vida quanto nos tratamentos.

Mensagens anunciadas por uma voz interior

Ao longo do tempo, com a experiência, Pascale desenvolveu certa compreensão dessas sensações: o que se agita nela é reflexo do que ocorre no corpo da pessoa de quem trata. Fazer com que o corpo dos clientes fale por si próprio lhe possibilita ir além das palavras que eles conseguiram expressar. As sonâmbulas curandeiras já experimentavam essa técnica no século 19. Há também outras mensagens, que parecem anunciadas por uma voz interior antes mesmo que ela precise refletir, imagens que chegam sem o pensamento pedir. De acordo com Pascale, não vêm da razão nem da imaginação. Essas ideias chegam a ela e a orientam. Ela escuta palavras e frases dentro de si, vê figuras, percebe conceitos. Chama essa linguagem de "pressentimento" e aprendeu a confiar nela, tanto na vida quanto nos tratamentos.

É hora de falar com Elsa sobre essa etapa do diagnóstico:

— Seu diafragma está completamente congestionado. Nesse estado, você deve estar sufocando. Como se alguma coisa ou alguém tivesse estrangulado você... Seu corpo não está feliz de ser comprimido, coibido assim. Está pedindo para você escutar. Você pode e deve recuperar o fôlego, literal e metaforicamente. Vou trabalhar nisso e indicar alguns exercícios de respiração para você. Estão me dizendo que você podia cantar mais! Você canta?

Elsa faz que sim, sorrindo:

— Gosto de cantar, mas nem sempre estou com cabeça pra isso!

Pascale responde imediatamente:

— Bom, então volte a cantar, no banho, no carro! Você vai ter dever de casa quando sair daqui, sem dúvida!

Ela retoma, então, o diagnóstico vigoroso:

— Sua atividade, seu jeito de funcionar... Você está muito travada mentalmente. Não tem mais energia circulando na parte inferior do seu corpo, parece cortada ao meio. A energia desce do alto do corpo e fica presa na altura do plexo, que é um ponto muito dolorido no estímulo. Fica estagnada aí e cria desequilíbrios. Os membros inferiores não recebem mais essa energia que vem de cima, do cosmo. Ao mesmo tempo, são eles que recebem a energia da Terra e não conseguem mais distribuí-la para o resto do corpo. Isso dificulta sua ancoragem. Sua cabeça funciona achando que não precisa do corpo, e, com seu trabalho, não ajuda! Você está desarticulada, jogada ao vento, porque suas raízes não têm onde se fincar. Meu pressentimento, meus guias, como você preferir chamar, me dizem que tem uma relação com as mulheres da sua linhagem, que talvez isso explique as dificuldades de enraizar... Pode ser uma pista para investigar! E me disseram também que você precisa sair mais, ir ao jardim, à floresta. Você vai encontrar recursos para se alinhar e enraizar de algum jeito. E, enfim... como dizer isso? Pressinto a imagem de uma parte sua que passeia fora de si, mas que está aqui, na sala. É uma parte sua que é alegre, criativa, lúdica! Está fora porque, no seu estado atual, você não a deixa se instalar. O espaço está todo ocupado pelo seu "eu" sério, responsável, coerente, empreendedor! Estão me dizendo que você precisa brincar! Fazer coisas engraçadas, até absurdas! Isso também é parte do seu dever de casa!

"Pressinto a imagem de uma parte sua que passeia fora de si, mas que está aqui, na sala. É uma parte sua que é alegre, criativa, lúdica!"

Restabelecer a circulação das energias

Pascale continuou a sessão com várias manipulações corporais que visavam ao restabelecimento da circulação das energias entre as partes superior e inferior do corpo de Elsa. Ela tentou liberar o diafragma com massagens. Estimulou com os dedos ou esquentou com moxa, bastões incandescentes de artemísia, os pontos de acupuntura que identificou. Posicionou em certos pontos do lóbulo da orelha grãos de *vaccaria* presos por esparadrapo, técnica frequente na auriculoterapia. Massageou a arcada plantar de acordo com o método de reflexoterapia que aprendeu. Em seguida, seu pressentimento a levou a encostar as mãos no topo do crânio de Elsa, que fechou os olhos de novo para absorver melhor o tratamento. Para magnetizá-la, Pascale se visualizou como intermediária entre ela e o poder do cosmo, a fim de preenchê-la com a energia vital que ela perdera.

Todas as consultas com essa curandeira são diferentes. Elsa constatou esse fato quando decidiu voltar regularmente para continuar o trabalho de reequilíbrio com Pascale. Cada sessão seria peculiar. Desde que começou a frequentar o consultório de Pascale, Elsa encontrou a energia necessária para fazer certas mudanças na vida profissional. Conseguiu se impor e propor mais trabalho à distância aos colaboradores, o que possibilitou que ela passasse mais tempo em casa. Ela também comia melhor, e tinha mais tempo para as refeições. Foram os primeiros passos encorajados por Pascale. Na vida pessoal, Elsa ainda achava difícil passear nos parques ou na floresta, mas estava tentando. Por outro lado, retomou o prazer de encontrar amigos apenas por diversão. Até então, ela andava tão ocupada que tinha esquecido a alegria de vê-los. As enxaquecas estavam menos frequentes, mas, quando vinham, ainda eram igualmente intensas. Ela lidava melhor com a insônia e ficava deitada, aproveitando para ler romances antes de voltar a dormir, como a terapeuta aconselhara. Assim, pensava menos no trabalho...

Companheiros nocivos

Contudo, no fundo persistia a fadiga. Durante uma das dez sessões de Elsa, Pascale mostrou uma expressão menos irônica do que de costume. Pouco após sua chegada, ela disse:

— Hoje, você não veio sozinha. Tem um homem gordo que ri e resmunga ali perto da porta. Ele veio com você. Deite na maca...

Ela avaliou o corpo da mulher e parou na altura do busto, com a mão pairando.

— Ele veio agarrado no seu ombro... Não, nas omoplatas! Preciso tirar, não tem mais o que fazer, nenhuma mensagem para transmitir. Ele não se apresenta como um ancestral seu. Está reclamando e desperdiçando sua energia.

Ela acendeu uma vela e um bastão de *palo santo*, uma madeira cuja fumaça é utilizada ritualisticamente por certos xamãs ameríndios para purificar os espaços sagrados e afastar os espíritos malignos. Com o bastão fumegante entre a ponta dos dedos, traçou desenhos invisíveis por cima da cliente. O ambiente não era muito reconfortante. A curandeira não tinha vontade de rir. Ela parecia concentrada, aproximando as duas mãos da barriga de Elsa e murmurando em voz baixa demais para ser compreensível. Em seguida, contorceu as costas com uma careta, como se alguma coisa coçasse na coluna, entre as omoplatas. Ela gemeu:

— Aaai, ele está tentando se agarrar em mim!

Ela ficou de braços esticados e rosto tenso, apesar da sensação desagradável que atravessava suas costas e da imagem que pressentia daquele morto furioso e grosseiro. Após alguns instantes, ela relaxou os braços. Recuperando o fôlego, ela explicou que assumira para si a entidade e que se encarregaria de expulsá-la mais tarde. Por enquanto, a cliente havia se livrado e precisaria aprender a se proteger desses companheiros nocivos, porque ela nitidamente os atraía.

— Acontece quando a gente está muito cansada. E não se protege o suficiente!

Pascale sugeriu, então, alguns rituais de proteção que ela poderia repetir se sentisse necessidade. Os tratamentos de Pascale eram sob medida, entre o tangível, o sensível e o invisível, de acordo com as necessidades de cada momento.

Florence, radiestesista e terapeuta de medicina quântica

Olivia iria parir em alguns meses e temia dar à luz no meio médico. Ela também não imaginava um parto domiciliar. Pela primeira vez, tinha medo de causar estresse a mais na criança, especialmente no caso de um parto demorado, e considerava que o patamar técnico da maternidade possibilitaria evitar alguns riscos. O medo era dela mesma. Ela tinha fobia de hospital. Não sabia o motivo, porque nunca teve um trauma. Porém, já lhe acontecera, alguns anos antes, durante um exame, de sair correndo de camisola hospitalar porque a enfermeira quis fazer uma perfusão e ela não tinha sido informada nas consultas preparatórias.

— Se eu não me preparasse com antecedência, seria capaz de ter um ataque de pânico, de chorar, de sair correndo! Nesses momentos, deixava de ser racional. Só pensava em ir embora. Em fugir, até. Sinto que virava um lobo enjaulado. Parecia que me obrigariam a ser internada, enquanto estava lúcida e saudável. Parecia que tinha caído em uma armadilha quando entrava no hospital. A palavra que me ocorria era "traição". Minha reação era um instinto de sobrevivência. Não sei explicar.

Olivia precisaria enfrentar o medo se quisesse parir no hospital. Ela estava muito angustiada e tinha medo de arriscar a própria vida e a do bebê se, durante o procedimento, tivesse reações inadequadas a uma injeção inesperada ou à atitude de algum membro da equipe hospitalar.

Uma grande caixa de ferramentas

Aconselhada por uma amiga, ela decidiu consultar Florence. Essa mulher elegante e generosa abriu, em uma casinha geminada, um instituto charmoso dedicado aos tratamentos energéticos e quânticos. Foi uma mudança de carreira da antiga mulher de negócios que dirigia diversas empresas, empoleirada em sapatos de salto, com a cabeça enfiada em contas e em contratos. Conduzir um trabalho tão exigente além da vida de esposa e mãe de família acabou sendo um exagero de ambição, e pesado demais. Florence chegou aos 48 anos em *burnout* profundo. Os médicos que a acompanhavam proibiram qualquer atividade profissional por aproximadamente um ano. Em paralelo, ela consultou também terapeutas alternativos. Esses encontros a ajudaram muito e lhe deram vontade de se formar em magnetismo, de início apenas para si. Ela aprendeu muito, especialmente sobre si mesma. Entendeu e viu com novos olhos o encadeamento de circunstâncias que a levaram a esgotar todos os seus recursos. Quando os formadores confirmaram que ela tinha forças para se tornar também terapeuta, Florence sentiu que finalmente poderia exercer uma atividade na qual iria se destacar. A partir dali, ela se formou em diversas técnicas.

Ela aprendeu muito, especialmente sobre si mesma. Entendeu e viu com novos olhos o encadeamento de circunstâncias que a levaram a esgotar todos os seus recursos.

Assim, Florence aprendeu, e também ensinou, magnetismo e radiestesia. Em seguida, se interessou pela olfatoterapia, um método aromaterapêutico, e pela litoterapia, para conhecer melhor a força das pedras. Fez cursos de nutrição e sobre as propriedades dos alimentos "vivos" (frutas, legumes, grãos). Ainda continuou com formações xamânicas, que a orientaram para a medicina quântica. "É minha caixa de ferramentas!", gosta de brincar quando perguntam que métodos ela utiliza.

Livrar-se dos pensamentos bloqueadores

Naquela tarde, ela escutou demoradamente as preocupações de Olivia. A sessão começou na sala do instituto, um cômodo pequeno e iluminado, decorado com bom gosto e aquecido por tapetes grossos. As duas mulheres se sentaram ao redor de uma mesa de madeira tropical impecavelmente encerada. Florence abriu um sorriso largo, tranquila e acolhedora. Ela tem certa elegância. As roupas bem ajustadas acentuam a postura decidida, os pingentes das joias e a maquiagem refletem uma feminilidade assumida e o gosto pela fantasia. Emana dela um ar bondoso e confiante. Ela explicou o objetivo da sessão:

— Vamos fazer uma coisa mais *light*, porque, com a gravidez, prefiro a cautela. Manipular energias é uma coisa poderosa, é preciso tomar cuidado... Então, o que vamos fazer é trabalhar com as energias positivas, porque tudo que você está dizendo e emanando é muita negatividade. A gente precisa mudar. Esses pensamentos bloqueadores ocupam espaço demais!

Olivia, ao mesmo tempo apaziguada e intrigada, aceitou.

Uma terapeuta vitalista

Florence começou dispondo sobre a mesa um diagrama. O semicírculo continha um gradiente de cores e uma progressão numérica crescente.

— É uma escala de Bovis — ela explicou a Olivia —, e serve para medir as taxas vibratórias de todo mundo, no plano físico e energético.

Essa medida enigmática se expressa em "unidades Bovis", que deriva do nome de um homem de Nice que, nos anos 1930, desenvolveu um método para medir a "força vital" contida em frutas e legumes. Esse pesquisador autodidata se inspirou no pensamento dos filósofos vitalistas da época moderna: eles afirmavam que o mundo vivo não era composto apenas de fenômenos físicos ou químicos, mas que havia um princípio vital que o animava por inteiro. A popularidade do vitalismo entre cientistas diminuiu ao longo do século 19, quando a doutrina cartesiana foi privilegiada. Desde então, as práticas inspiradas pelo vitalismo frequentemente são categorizadas como paracientíficas.

Para determinar o diagnóstico, ela pede para a consulente apoiar a mão direita na mesa, com a palma virada para cima. Ela a cobre com a própria mão, formando uma espécie de casulo. Por meio desse contato físico, ela "se conecta" com as vibrações emitidas pela pessoa à sua frente. Com a outra mão, segura uma correntinha fina da qual pende um cristal branco de forma oblonga.

Florence não duvida da existência desse princípio vital. Como radiestesista, ela procura determinar o nível dessa força, que chama de "taxa vibratória", nas pessoas que atende. A "teoria" da radiestesia considera que os corpos emitem e recebem ondas de acordo com uma frequência própria. Florence utiliza os diagramas desenvolvidos por Bovis, chamados de "biômetros", para avaliar a "taxa vibratória" emitida pelas pessoas. Para determinar o diagnóstico, ela pede para a consulente apoiar a mão direita na mesa, com a palma virada para cima. Ela a cobre com a própria mão, formando uma espécie de casulo. Por meio desse contato físico, ela "se conecta" com as vibrações emitidas pela pessoa à sua frente. Com a outra mão, segura uma correntinha fina da qual pende um cristal branco de forma oblonga. Ela suspende o cristal acima do primeiro quadrante, sempre pronunciando em voz baixa seu desejo de saber o nível de energia da pessoa. Por dentro, ela dirige a demanda ao que chama de "forças do universo", que, segundo ela, estão presentes em tudo. Ela espera que essas forças venham informar o pêndulo, que "reage" por oscilações de vaivém ou concêntricas. Florence interpreta os movimentos. Ela espera a estabilização acima de certo valor na escala de Bovis para quantificar o invisível e diagnosticar as fraquezas energéticas que deve superar. A prática de Florence se baseia na pesquisa e na compreensão das energias do corpo. A questão é identificar, para cada pessoa doente ou angustiada que a consulta, as energias que ela contém, em excesso ou falta, em movimento ou estagnação. Ela tenta determinar se essas energias devem ser evacuadas, estimuladas ou restituídas. Em que altura do corpo a circulação está impedida? A que desequilíbrio emocional, mental ou energético se deve o problema?

Mistura original de influências

Para precisar o diagnóstico, ela utiliza vários diagramas de Bovis, todos conectados a algum dos sete chacras. Florence mede por método radiestésico a "taxa vibratória" dessas regiões corporais que o pensamento hinduísta considera centros energéticos fundamentais.

Reunir conceitos filosóficos e técnicas de tratamento vindos de épocas, culturas e áreas geográficas diferentes, como, aqui, a radiestesia do século 19 na Europa e a filosofia hinduísta milenar, pode ser espantoso. Porém, a mistura original de influências presente nos cuidados de Florence se encontra também na maioria das terapeutas não convencionais contemporâneas. Esse modo singular e criativo de abordar os saberes terapêuticos, em mistura constante, não é tão recente. As curandeiras medievais já tinham esse hábito. Porém, hoje em dia ele se tornou consideravelmente acentuado, pois a troca de conhecimentos se globalizou.

Em Olivia, Florence mediu duas taxas vibratórias muito baixas na altura do primeiro e segundo chacras, chamados de "chacra raiz" e "chacra sacral". Isso significava que a criatividade e a sustentação estavam abaladas nessa visitante. Nos outros chacras, a energia também não lhe pareceu tão vigorosa. Ela fez uma limpeza das "energias viciadas" para encher os chacras de nova energia, a fim de que Olivia brilhasse e se sentisse mais confiante, com maior controle das emoções e reações. Florence convidou, então, a jovem a acompanhá-la a outra sala, iluminada por luz indireta, onde deveria se instalar na maca de massagem no centro do ambiente, de modo que a terapeuta pudesse circular a seu redor. Olivia não tirou a roupa, mas vestiu peças largas para se sentir confortável. Florence a cobriu com uma manta fina para que ela não sentisse frio nos 45 minutos seguintes, aproximadamente.

A questão é identificar, para cada pessoa doente ou angustiada que a consulta, as energias que ela contém, em excesso ou falta, em movimento ou estagnação.

Limpar as energias

Olivia fechou os olhos. Florence respirou devagar, acalmando a respiração, e aproximou as mãos na altura do esterno, como se em prece. Ela entrou na condição necessária para o tratamento, um estado que chama de meditativo, no qual a mente tem o mínimo domínio possível. Assim, tentou se "esvaziar" e se "conectar" com Olivia. Sua primeira intenção era "limpar" as energias. Ela escolheu começar com uma "limpeza geral": posicionou-se na altura dos pés de Olivia, na ponta da maca de massagem, e fez o gesto de cobri-la com um véu invisível. Enquanto murmurava suas intenções de purificação, a terapeuta visualizou o véu penetrar todas as camadas energéticas da futura mãe. Ela o viu se escurecer, carregado das emoções negativas e das tensões acumuladas. Em seguida, fez o gesto de puxá-lo para si, como se tirasse a toalha de mesa suja após a refeição. Ela repetiu o procedimento até o véu ficar limpo e claro em suas visões.

Em seguida, decidiu concentrar a ação na altura da cabeça de Olivia, especificamente da testa. Posicionou as mãos a poucos centímetros da pele. Olivia sentiu um calor e uma força concentrados na região, "como quando a gente tenta encostar dois ímãs de polaridade igual e não consegue". Florence murmurava pequenas frases destinadas ao "universo", que Olivia mal escutou, invocações para as energias e os pensamentos negativos deixarem Olivia para trás. A cliente visualizou os medos condensados acima do crânio conforme a curandeira a magnetizava. Depois, com as mãos, uma de cada vez, a curandeira varreu a testa da jovem, mal encostando na pele. A cada movimento, Olivia sentia que a massa aglutinada no topo da testa diminuía. Logo foi tomada por uma leveza. Ela se acalmou. A respiração ficou mais lenta.

Florence deu prosseguimento a um "reequilíbrio" dos sete chacras, magnetizando um a um à distância, ajustando os movimentos em um ou outro sentido circular. Ela os visualizava como pequenos vórtices que deveriam girar de modo harmonioso, entre si e com a energia geral de Olivia. Esses pequenos cones invisíveis também não deveriam estar fechados, nem abertos demais, características que as mãos de Florence aparentemente aprenderam a sentir. Ela também impôs as mãos por longos minutos, visualizando-se como um canal que recebe, pelo topo da cabeça, um fluxo de energia vital do cosmo, fluido precioso que então derramou no corpo de Olivia através das sete portas de entrada dos chacras. Como a cliente estava grávida, Florence se ateve a essa distribuição de energia e preferiu não utilizar os métodos habituais de olfatoterapia. Ela tinha uma caixinha de sete perfumes, cada um com um cheiro diferente relativo a um dos sete centros energéticos definidos pelo pensamento hinduísta. "Cada aroma estimula seu chacra. São elaborados para interpelar o inconsciente e harmonizar as energias desequilibradas. Também podem trazer à tona lembranças, boas ou ruins, que depois podemos trabalhar", Florence explica, inteiramente apaixonada por essa técnica sensorial que às vezes acompanha uma sequência de sete músicas, também compostas para "ecoar" nos chacras.

As experiências geradas pela memória olfativa e auditiva podem abalar energeticamente, mas também psicologicamente. Florence sabia disso muito bem, e não quis correr o risco de desequilibrar Olivia. O objetivo principal da sessão era ajudá-la a encontrar certa paz interior, e não voltar ao motivo de seu pavor. Essa etapa só seria possível depois do parto.

Florence decidiu terminar o tratamento com algumas manipulações quânticas. Para a terapeuta, toda célula do corpo continha a essência da alma das pessoas, assim como a memória dos acontecimentos e traumas físicos, emocionais, transgeracionais ou cármicos que elas viveram. Algumas dessas lembranças são responsáveis por doenças ou mal-estar. Por isso era preciso se livrar delas e "codificar" as células com "novas informações" mais virtuosas. Esse interesse pela dimensão energética e pelo poder da intenção na escala mais ínfima está no cerne da abordagem terapêutica quântica à qual Florence adere. Nessa abordagem, a grandeza infinita também é convocada: Florence explica que utiliza forças invisíveis muito poderosas para renovar a mensagem contida nas células dos clientes. São a força da Terra, nutridora, revigorante, e a força do universo, que chama de "fonte", vibração original que anima o cosmo inteiro. "Quando faço o pedido e ergo as mãos ao céu, sinto essa força. Ela se manifesta em estalos nas palmas das mãos, e vejo cada estalo como fruto da chuva de pó estelar que chega a mim." Nas explicações de Florence sobre esse método de compreender o invisível, reconhecemos um padrão já presente nas medicinas populares antigas e nos métodos paracientíficos ocidentais: o pensamento holístico volta a criar jogos de correspondência entre microcosmo e macrocosmo. Aqui, porém, microcosmo e macrocosmo se definem na linguagem moderna da biologia, das neurociências, da física e da astronomia. As energias são consideradas o conceito que possibilita fundir esses saberes com aqueles das terapias paracientíficas, das medicinas orientais e dos xamanismos. As energias são o elo dinâmico entre tudo, os caminhos de correspondência trilhados entre a escala do átomo e a do universo.

Visualizar uma paciente radiante e serena

No início da sessão, Florence depositou, entre as pernas da jovem, um pouco acima dos joelhos, um grande cristal de rocha transparente e delicadamente entalhado. Ela escolheu a pedra, o "seixo estrelado de Merlin", por causa do pêndulo. Cada cristal tem sua utilidade: a pedra do sol traz alegria, o quartzo rosa ajuda a descansar no caso de fadiga. A merlinita é especialmente adequada para os tratamentos quânticos. Florence se concentrou. Naquele dia, com Olivia, utilizaria apenas as energias da Terra, porque as outras são fortes demais para uma mulher grávida. Ela também formulou uma intenção, simples, mas precisa e positiva, com a qual "carregou" as energias invocadas: pediu ao universo, por intermédio dessas energias, para agir na liberação dos medos de Olivia e para dar à jovem a sensação de confiança absoluta em si e em sua capacidade de dar à luz. Ela visualizou Olivia radiante e serena, enraizada no momento presente, pronta para reagir com calma e adequação às eventualidades que se apresentariam no dia do parto. Florence, vivendo plenamente essas imagens, fez o gesto de enroscar no dedo um fio invisível que viria do chão, "uma corda", que depois arremessou com um gesto no cristal. As energias da Terra, carregando a mensagem da curandeira, se condensariam, graças ao fio, dentro do seixo transparente, e dali se espalhariam por todas as células relevantes no corpo de Olivia. Ontem ou hoje, as palavras de encantamento e os gestos rituais continuam fundamentais no mundo dos cuidados do invisível.

Olivia estava com a aparência calma, ainda de olhos fechados. Ela os entreabriu quando Florence se dirigiu a ela, contando as informações que recebeu mediunicamente por seus "guias de luz" durante a sessão:

— É uma menininha, que vai nascer em ótimas condições. As coisas estão muito claras. E ela vai ser intrépida, sinto com nitidez!

Florence distingue a mediunidade da imaginação por sensações sutis: quando chegam as mensagens desses guias, ela sempre sente uma leve pressão na altura do plexo... As duas mulheres sorriram. Olivia se sentia bem, mais centrada, sem o fardo das ideias sombrias, com o ânimo menos bagunçado. Ela estava cansada, mas se sentia bem, na cabeça e no corpo. Conversou por mais alguns instantes com Florence, cuja sessão remunerou com cinquenta euros.

Ontem ou hoje, as palavras de encantamento e os gestos rituais continuam fundamentais no mundo dos cuidados do invisível.

Tomada de consciência

Florence sabia que tomadas de consciência geralmente emergiam algum tempo após um tratamento. Algumas semanas depois, Olivia constatou, realmente, que a consulta da terapeuta possibilitara que ela percebesse uma coisa: o medo não era tanto de hospitais quanto de si própria. Desde então, o medo se aliviou muito. Olivia sentia que confiava mais em si e que poderia ficar presente no momento. Ela parou de imaginar todo tipo de situação desastrosa que poderia acontecer na maternidade. Passou a dizer que, no momento, saberia escutar seu corpo e os profissionais que colaborariam com ela para trazer sua criança ao mundo. Então, voltou a ela a memória de uma história da avó, que ela sempre conhecera, mas que nunca tinha se imposto a ela com tamanha obviedade. Durante a Segunda Guerra Mundial, a avó havia sido hospitalizada "com as irmãs". Como a família pagava bem, as freiras teriam prolongado o tratamento por meses a fio, dando calmantes poderosos à doente que já estava curada. Ela conseguiu escapar quando, depois de muita dificuldade, alertou os parentes. Para Olivia, tudo finalmente se esclareceu. Sua fobia de hospitais vinha dessa internação forçada. Era uma herança que ela podia escolher recusar. Essa ideia a libertou.

CONCLUSÃO

Os saberes das curandeiras foram transmitidos, esquecidos, revividos e transformados ao longo das eras. Contudo, a abordagem holística do mundo surge como base fundamental das medicinas dessas cuidadoras em todas as épocas. Para elas, tudo está em tudo. Hoje, momento de urgências e crises ecológicas, sanitárias e sociais, a perspectiva holística parece ressurgir: oferece uma visão sistêmica do mundo, onde os seres humanos e seu ambiente pertencem ao mesmo conjunto frágil e dinâmico que deve ser considerado. As terapeutas "alternativas" atuais respondem a essa necessidade de evolução com propostas de tratamentos que não separam mais o corpo da alma, que aproximam os indivíduos da natureza e que propõem que as pessoas repensem seu lugar no mundo.

No passado ou hoje, as curandeiras entendem a doença como um estado de desequilíbrio. Os demônios e as fadas, a usura extrema do corpo no trabalho e a fome não são mais mencionados pelas terapeutas, que acusam os traumas psicológicos, o estresse, as emoções reprimidas e a poluição no ar, na água e na alimentação de desestabilizar a ecologia interna e gerar doenças. Esses desequilíbrios internos aparecem como reflexos dos desequilíbrios sociais atuais. Ao cuidar das pessoas, as curandeiras pretendem contribuir, aos poucos, com uma mudança mais global.

Em todas as épocas, as curandeiras foram reconhecidas por manter um vínculo privilegiado com o invisível e o sagrado, usado a serviço da eficiência de seus tratamentos. Nos momentos difíceis, é universal sentir a necessidade de se conectar a coisas maiores do que nós, a forças divinas e misteriosas. As curandeiras respondem a isso. Porém, a posição de mediadoras entre os mundos também as condena e as liga à bruxaria demoníaca da época das fogueiras, ou as leva a suspeitas de seitas hoje em dia. A magia e as crenças das curandeiras atuais contribuem para excluí-las de espaços oficiais de cuidado.

As curandeiras sempre agiram à margem da medicina oficial, devido a diferentes relações entre saberes e poder. Sua história, como a das mulheres, é de exclusão. E o abismo social, cultural, legal e simbólico entre médicos oficiais e curandeiras ilegítimas ainda não foi atravessado. Alguns de seus saberes respectivos circulam dos dois lados da fronteira invisível, sem que seus praticantes se cruzem ou se encontrem de verdade. É uma das questões que, atualmente, surgem com a construção da medicina integrativa do futuro na França.

Apesar de serem assim relegadas, e mesmo nas sombras, as curandeiras nunca deixaram de exercer seus dons e talentos. Junto às populações, as curandeiras por muito tempo foram as únicas cuidadoras acessíveis, devido à proximidade física e social e à gratuidade dos serviços, trocados em permuta. Hoje, elas se profissionalizam: os tratamentos são pagos, e às vezes caros. É um modo de sobreviver, de exercer um trabalho com propósito, e também de buscar reconhecimento pelas atividades. As curandeiras se beneficiam especialmente de uma popularidade feminina. Ao longo dos séculos, foram elas as principais cuidadoras e conselheiras de outras mulheres. Hoje, elas se dedicam a reatar essa solidariedade. Algumas são militantes, e outras, a maioria, apenas fazem sua parte, sem consciência plena, para contribuir com as tendências ecológicas atuais e a terceira onda feminista em curso.

De modo geral, as curandeiras de hoje em dia experimentam práticas para que todos acessem o bem-estar individual, reposicionando a felicidade e o autorrespeito no alto da escala de valores, aspectos frequentemente negligenciados devido a pressões sociais e econômicas. A causa delas é de natureza filosófica, espiritual e ideológica: elas aspiram mudar as perspectivas dominantes, favorecer o autoconhecimento e a autotolerância, considerar a saúde do ponto de vista global e renovar as relações das pessoas entre si e com a natureza, condição necessária, na opinião delas, para encontrar o bem-estar coletivo de uma sociedade desejável. Além de uma atividade terapêutica, são atos de resistência e convicção humanista.

NOTAS

Introdução

1. Entre 2011 e 2016, Clara Lemonnier conduziu a pesquisa para sua tese em antropologia na península rural de Médoc, na Gironda, sobre o cuidado dos males das mulheres (Universidade de Bordeaux, EDSP2, Passages), como parte da equipe de pesquisa Médoc Iresp. Desde então, ela continuou a entrevistar terapeutas não convencionais na Aquitânia e, às vezes, em outros lugares, dependendo de seus encontros. Para escrever este livro, ela mergulhou também no trabalho de historiadores, antropólogos e sociólogos que se aventuraram na história antiga e recente dos cuidadores à margem da medicina oficial.

Idade Média: As mulheres sábias

1. Autora de uma obra fundamental sobre o papel das mulheres no contexto rural francês do século 20, a etnóloga Yvonne Verdier cunhou a expressão *"femmes-qui-aident"*, traduzida aqui como "mulheres-que-ajudam". Ver: VERDIER, Yvonne. *Façons de dire, façons de faire. La laveuse, la couturière, la cuisinière.* Paris: Gallimard, 1979. p. 85.
2. CASAGRANDE, Carla. La femme gardée. In: DUBY, Georges; PERROT, Michelle (org.). *Histoire des femmes en Occident.* Paris: Perrin, 2002. p. 99-142. v. 2.
3. COLLIÈRE, Marie-Françoise. *Promouvoir la vie. De la pratique des femmes soignantes aux soins infirmiers.* Paris: Masson, 1982. p. 36-48.
4. OPITZ, Claudia. Contraintes et libertés. In: DUBY, Georges; PERROT, Michelle (org.), op. cit., p. 343-420.
5. COLLIÈRE, Marie-Françoise, op. cit., p. 36-48.
6. PIPONNIER, Françoise. L'univers féminin: espaces et objets. In: DUBY, Georges; PERROT, Michelle (org.). *Histoire des femmes en Occident,* op. cit., p. 434-435.

7. DOUGLAS, Mary. *Purity and Danger*. Londres: Routledge, 2013, 2. ed. [*Pureza e perigo*. São Paulo: Perspectiva, 2012].
8. VECCHIO, Silvana. La bonne épouse. In: DUBY, Georges; PERROT, Michelle (org.). *Histoire des femmes en Occident*, v. 2, op. cit., p. 155-156.
9. Na época coberta pelo trabalho de François Lebrun, os *panseurs* e *rebouteux* eram muito populares. Suas atividades provavelmente eram presentes desde a Idade Média. Cf. LEBRUN, François. *Se soigner autrefois. Médecins, saints et sorciers aux XVIIe et XVIIIe siècles*. Paris: Seuil, p. 98-99.
10. COLLIÈRE, Marie-Françoise, op. cit., p. 44-45.
11. LEBRUN, François, op. cit., p. 98-99.
12. BECHTEL, Guy. *La Sorcière et l'Occident*. Paris: Plon, 1997. p. 397-398.
13. JACQUART, Danielle. La nourriture et le corps au Moyen Âge. *Cahiers de recherches médièvales*, n. 13, 2006, p. 259-266.
14. BOGLIONI, Pietro. Du paganisme au christianisme. *Archives de sciences sociales des religions*, n. 144, out.-dez. 2008.
15. AGRIMI, Jole; CRISCIANI, Chiara. Savoir médical et anthropologie religieuse. Les représentations et les fonctions de la vetula (XIIIe-XVe siècle), *Annales. Économies, Sociétés, Civilisations*, 48e année, n. 5, 1993, p. 1281-1308.
16. NISARD, Charles. *Histoire des livres populaires*, 2 ed., v. 2, 1864, p. 76, apud LECOUTEUX, Claude. *Le Livre des guérisons et des protections magiques*. Paris: Imago, 2016. p. 134.
17. BECHTEL, Guy, op. cit., p. 397.
18. BECHTEL, Guy, op. cit., p. 398.
19. PSEUDO-APULEIO. *Herbarius, in Corpus Medicorum Latinorum*, v. 4. Leipzig/Berlim: Teubner, 1927, apud LECOUTEUX, Claude, op. cit., p. 137.
20. DE MÉLY, Fernand. *Les Lapidaires de l'Antiquité au Moyen Âge*, v. 2. Paris: Ernest Leproux, 1898, apud LECOUTEUX, Claude, op. cit.
21. LAURENT, Sylvie. *Naître au Moyen Âge. De la conception à la naissance: la grossesse et l'accouchement (XIIe-XVe siècle)*. Paris: Le Léopard d'Or, 1989.
22. KNIBIEHLER, Yvonne; FOUQUET, Catherine. *La Femme et les Médecins*. Paris: Hachette, 1983. p. 24.
23. JOËL, Constance. *Les Filles d'Esculape. Les femmes à la conquête du pouvoir médical*. Paris: Robert Laffont, 1988.
24. CHAMBERLAIN, Mary. *Old Wives' Tales: The History of Remedies, Charms and Spells*. Cheltenham: The History Press, 2010.
25. MÉNAGER, Céline. Dans la chambre de l'accouchée: quelques éclairages sur le déroulement d'une naissance au Moyen Âge. *Questes*, n. 27, 2014, p. 35-45, 2014.
26. GÉLIS, Jacques. *L'Arbre et le Fruit. La naissance dans l'Occident moderne, XVIe-XIXe siècle*. Paris: Fayard, 1984. p. 180.

27. SÉGUY, Isabelle; SIGNOLI, Michel. *Quand la naissance côtoie la mort: pratiques funéraires et religion populaire en France au Moyen Âge et à l'époque moderne*. Castelló: Servei d'Investigacions Arqueològiques i Prehistòriques, 2008. p. 497-512.
28. COSTE, Joël. Les "envies" maternelles et les marques de l'imagination: histoire d'une représentation dite "populaire". *Bibliothèque de l'École des chartes*, v. 158, n. 2, 2000, p. 507-529.
29. LOUX, Françoise. *Traditions et soins d'aujourd'hui*. Paris: Masson, 1993, p. 125. Esse livro adota uma abordagem completa e pedagógica das medicinas populares do século 19, cujas raízes se encontram na Idade Média.
30. LOUX, Françoise, op. cit., p. 133; MÉNAGER, Céline, op. cit.
31. LEROY, Fernand. *Histoire de naître. De l'enfantement primitif à l'accouchement médicalisé*. Bruxelas: De Boeck, 2001. p. 91.
32. ERHENREICH, Barbara; ENGLISH, Deirdre. *Witches, Midwives & Nurses: A History of Women Healers*. Nova York: Feminist Press, 2010, 2. ed. [*Bruxas, parteiras e enfermeiras:* Uma história de mulheres curandeiras. Editora Subta, s.d.].
33. LAURENT, Sylvie, op. cit., p. 191.
34. Ibid., p. 204-205.
35. TZORTZIS, Stéfan; SÉGUY, Isabelle. Pratiques funéraires en lien avec les décès des noveau-nés. À propos d'un cas dauphinois durant l'époque moderne. *Socio-anthropologie*, n. 22, 2008, p. 75-92.

Idade Média: As mulheres dos remédios

1. PIPONNIER, Françoise, op. cit.; OPITZ, Claudia, op. cit.
2. MONTANARI, Massimo. Valeurs, symboles, messages alimentaires durant le Haut Moyen Âge. *Médiévales*, 1983, p. 57-66.
3. FABRE-VASSAS, Claudine. La cuisine des sorcières. *Ethnologie française*, 1991, p. 423-437. Enquanto a culinária das bruxas estudada pela autora se desenvolve no século 20, há algumas bases simbólicas na Idade Média.
4. KNIBIEHLER, Yvonne. Mères et nourrissons. *Annales de démographie historique*, 1986, p. 85-89.
5. DESPORTES, Françoise. Le pain en Normandie à la fin du Moyen Âge. *Annales de Normandie*, 1981, p. 99-114.
6. PIPONNIER, Françoise, op. cit., p. 438-439.
7. NICOUD, Marilyn. Savoirs et pratiques diététiques au Moyen Âge. *Cahiers de recherches médiévales*, n. 13, 2006, p. 239-247.

8. VIGARELLO, Georges. *Le Sain et le Malsain. Santé et mieux-être depuis le Moyen Âge*. Paris: Seuil, 1993. p. 46.
9. Ibid., p. 30.
10. LAURIOUX, Bruno. Cuisine et médicine au Moyen Âge. *Cahiers de recherches médiévales*, n. 13, 2006.
11. VIGARELLO, Georges, op. cit., p. 25-33.
12. LAURIOUX, Bruno, op. cit.
13. LECOUTEUX, Claude, op. cit.
14. COCKAYNE, Oswald. *Leechdoms, Wortcunning, and Starcraft of Early England*, v. 3. Londres: Longmans, Green, Reader, and Dyer, 1866. p. 136-138, apud LECOUTEUX, Claude, op. cit., p. 201.
15. AGRIMI, Jole; CRISTIANI, Chiara, op. cit.
16. GUYONVARC'H, Christian. *Magie, médecine et divination chez les Celtes*. Paris: Payot, 1997.
17. FRUGONI, Chiara. La femme imaginée. In: DUBY, Georges; PERROT, Michelle (org.). *Histoire des femmes en Occident*, v. 2. Paris: Perrin, 2002. p. 494-497.
18. KOYRÉ, Alexandre. Paracelse. *Revue d'historie et de philosophie religieuses*, n. 1, jan.-fev. 1933, p. 46-75.
19. LEIUTHAGUI, Pierre. *La Plante compagne*. Paris: Actes Sud, 1998. p. 197.
20. BILIMOFF, Michèle. *Enquête sur les plantes magiques*. Rennes: Ouest-France, 2003. p. 27.
21. GONTERO-LAUZE, Valérie. *Sagesses minérales. Médecine et magie des pierres précieuses au Moyen Âge*. Paris: Classiques Garnier, 2010.
22. KNIBIEHLER, Yvonne. *Histoire des mères et de la maternité en Occident*. Paris: PUF, 2000. p. 29.
23. COLLIÈRE, Marie-François, op. cit., p. 56-68.
24. XHAYET, Geneviève. *Médecine et arts divinatoires dans le monde bénédictin médiéval à travers les réceptaires de Saint-Jacques de Liège*. Paris: Classiques Garnier, 2010.
25. MOULINIER, Laurence. La botanique d'Hildegarde de Bingen. *Médiévales*, n. 16-17, 1989, p. 113-129.
26. Hoje é difícil discernir as partes de sua autoria dos acréscimos posteriores, segundo: MOULINIER, Laurence. Hildegarde de Bingen, les plantes médicinales et le jugement de la postérité: pour une mise en perspective. *Les Plantes médicinales chez Hildegarde de Bingen*. Gand, 1993. p. 61-75.
27. Ibid.
28. JACQUART, Danielle, op. cit.
29. No século anterior, outra mulher notável, a médica Trotula, da escola de Salerno, escreveu obras importantes sobre as doenças femininas e a ginecologia, às quais Hildegarda pode ter tido acesso.

30. MOULINIER, Laurence. Conception et corps féminin selon Hildegarde de Bingen. *Storia delle donne*, v. 1, 2005, p. 139-157.
31. Apud BILIMOFF, Michèle, op. cit., p. 87.
32. PIVERT, Benoît. Hildegarde de Bingen et sa médecine — Réflexions sur un engouement. *Allemagne d'aujourd'hui*, v. 224, n. 2, 2018, p. 45-61.

Idade Média: As mulheres que veem

1. DELAURENTI, Béatrice. Femmes enchanteresses, figures féminines dans le discours savant sur les pratiques incantatoires au Moyen Âge. In: CAIOZZO, Anna; ERNOULT, Nathalie (org.). *Femmes médiatrices et ambivalentes*. Paris: Armand Colin, 2012. p. 215-226.
2. AUSTIN, J. L. *Quando dizer é fazer*. Porto Alegre: Artes Médicas, 1990.
3. DELAURENTI, Béatrice, op. cit., p. 215-216.
4. Para elas, a experiência prevalece sobre a fé e as tentativas de explicação dos fenômenos de cura.
5. BECHTEL, Guy, op. cit., p. 436.
6. FRANZ, Adolph. *Die kirchlichen benediktionen im Mittelalter*, v. 2. Graz, 1909. Apud LECOUTEUX, Claude, op. cit., p. 43.
7. BOUDET, Jean-Patrice. Femmes ambivalentes et savoir magique: retour sur les vetule. In: CAIOZZO, Ernoult (org.). *Femmes médiatrices et ambivalentes*, op. cit., p. 203-314.
8. HEIM, Richard. Incantamenta magica graeca latina. In: *Jahrbücher für classische Philologie*, n. 19, 1893, p. 463-576, apud LECOUTEUX, Claude, op. cit., p. 49.
9. RAINEAU, Clémentine. *Maladie et infortune dans l'auvergne d'aujourd'hui. Médecins, guérisseurs et malades; d'un village montagnard à l'hôpital*. Tese de antropologia. Paris: EHESS, 2001, p. 341-348.
10. ROCHHOLZ, Ernst Ludwig. Aargauer Besegnungen. *Zeitschrift für deutsche Mythologie und Sittenkunde*, n. 4, 1859, p. 103-104, apud LECOUTEUX, Claude, op. cit., p. 55.
11. WEILL-PAROT, Nicolas. Causalité astrale et "science des images" au Moyen Âge. Éléments de réflexion. *Revue d'histoire des sciences*, 1999, p. 207-240.
12. AGRIMI, Jole; CRISCIANI, Chiara, op. cit., p. 1290.
13. BOUFLET, Joachim. *Une histoire des miracles. Du Moyen Âge à nos jours*. Paris: Seuil, 2009.
14. BECHTEL, Guy, op. cit., p. 399.
15. DELAURENTI, Béatrice, op. cit., p. 219.
16. BOGLIONI, Pierre. L'Église et la divination au Moyen Âge, ou les avatars d'une pastorale ambiguë. *Théologiques*, v. 8, n. 1, 2000, p. 37-66.

17. RICHE, Pierre. La magie à l'époque carolingienne. *Comptes rendus des séances de l'Académie des inscriptions et belles-lettres*, ano 117, n. 1, 1973, p. 127-138.
18. Manuscritos da biblioteca de Cambridge, Ms. R. 14. 30, fol. 147 v, apud LECOUTEUX, op. cit., p. 35.
19. Manuscritos da biblioteca de Cambrai, Ms. 351, fol. 174 r, apud LECOUTEUX, op. cit., p. 34.
20. BOUDET, Jean-Patrice. Divination et arts divinatoires aux XIIe et XIIIe siècles. In: BOUDET, Jean-Patrice. *Entre science et nigromance. Astrologie, divination et magie dans l'Occident médiéval (XIIe-XVe siècle)*. Paris: Éditions de la Sorbonne, 2006.
21. RICHÉ, Pierre, op. cit., p. 136.
22. BOGLIONI, Pierre, op. cit., p. 46.
23. BORDES, Rémi. La parole aux sources du soin. Faits et dits d'Asklépios en Grèce ancienne. In: BORDES, Rémi. *Dire les maux. Anthropologie de la parole dans les médecines du monde*. Paris: L'Harmattan, 2011. p. 58-63.
24. AUGE, Marc; HERZLICH, Claudine. *Le Sens du mal. Anthropologie, histoire, sociologie de la maladie*. Paris: Éditions des archives contemporaines, 1984.
25. ROCQUAIN DE COURTEMBLAY, Félix. Les sorts des saints ou des apôtres. *Bibliothèque de l'École des chartes*, v. 41, 1880, p. 457-474.
26. BÜHRER-THIERRY, Geneviève; LETT, Didier; MOULINIER-BROGI, Laurence. Histoire des femmes et histoire du genre dans l'Occident médiéval. *Historiens et géographes*, Association des professeurs d'histoire et de géographie, n. 392, 2005, p. 135-146.
27. OPITZ, Claudia, op. cit., p. 409.
28. GROSSMAN, Roland. Une femme inspirée, Hildegarde de Bingen (1098--1179). *Mémoires de l'Académie nationale de Metz*, 1997, p. 239.
29. JEAY, Madeleine. La transmission du savoir théologique. *Cahiers de recherches médiévales et humanistes*, n. 23, 2012, p. 233.
30. OPITZ, Claudia, op. cit., p. 411.
31. REGNIER-BOLHER, Danielle. Voix littéraires, voix mystiques. In: DUBY, Georges; PERROT, Michelle (org.). *Histoire des femmes en Occident*, v. 2, op. cit., p. 582-585.
32. JEAY, Madeleine, op. cit., p. 225.
33. RÉGNIER-BOLHER, Danielle, op. cit., p. 582-585.
34. PIRON, Sylvain. Marguerite, entre les béguines et les maîtres. In: FIELD, Robert et al. *Marguerite Porete et Le Miroir des âmes simples. Perspectives historiques, philosophiques et littéraires*. Paris: Vrin, 2013. p. 69-103.

Do Renascimento à Revolução:
Destituídas, acusadas, desacreditadas

1. VERONÈSE, Julien. La magie divinatoire à la fin du Moyen Âge. *Cahiers de recherches médiévales et humanistes*, n. 21, 2011, p. 312 [on-line].
2. BOGLIONI, Pierre, op. cit., p. 45-46; BOUDET, Jean-Patrice. Divination et arts divinatoires aux XIIe et XIIIe siècles, op. cit.
3. BECHTEL, Guy, op. cit., p. 406; BOGLIONI, Pierre, op. cit., p. 47.
4. BOUDET, Jean-Patrice. Divination et arts divinatoires aux XIIe et XIIIe siècles, op. cit.
5. BECHTEL, Guy, op. cit., p. 410-413.
6. BOUDET, Jean-Patrice. Divination et arts divinatoires aux XIIe et XIIIe siècles, op. cit.
7. DELAURANTI, Béatrice, op. cit., p. 218-220.
8. VERONÈSE, Julien, op. cit.
9. Ibid.
10. AMARGIER, Paul. Éléments pour un portrait de Bernard Gui. *Cahiers de Fanjeaux*, v. 16, Toulouse: Privat, 1981. p. 19-37.
11. FARGE, Arlette; SALLMAN, Jean-Michel. Sorcière. In: DUBY, Georges; PERROT, Michelle. *Histoire des femmes en Occident*, v. 3. Paris: Perrin, 2002. p. 533.
12. OPITZ, Claudia, op. cit., p. 415-416.
13. BECHTEL, Guy, op. cit., p. 184-186; MUCHEMBLED, Robert. *Uma história do diabo*. Rio de Janeiro: Mauad, 2002.
14. FARGE, Arlette; SALLMAN, Jean-Michel, op. cit., p. 534.
15. ERHENREICH, Barbara; ENGLISH, Deirdre, op. cit., p. 43; FARGE, Arlette; SALLMAN, Jean-Michel, op. cit., p. 524.
16. CHAMBERLAIN, Mary, op. cit., p. 68-69.
17. ERHENREICH, Barbara; ENGLISH, Deirdre, op. cit., p. 43.
18. Apud ERHENREICH, Barbara; ENGLISH, Deirdre, op. cit., p. 21.
19. CHAMBERLAIN, Mary, op. cit., p. 76-77.
20. ERHENREICH, Barbara; ENGLISH, Deirdre, op. cit., p. 38; MUCHEMBLED, Robert. *La Sorcière au village. XVe-XVIIIe siècles*. Paris: Gallimard, 1979.
21. BECHTEL, Guy, op. cit., p. 999-1001.
22. ERHENREICH, Barbara; ENGLISH, Deirdre, op. cit., p. 42; CHOLLET, Mona. *Sorcières. La puissance invaincue des femmes*. Paris: La Découverte, 2018, p. 22.
23. MICHELET, Jules. *La Sorcière*. Paris: Librairie internationale, 1867.
24. DARRICAU-LUGAT, Caroline. Regards sur la profession médicale en France médiévale (XIIe- XVe). *Cahiers de recherches médiévales*, n. 6, 1999 [on-line].

25. Ibid.
26. AGRIMI, Jole; CRISCIANI, Chiara, op. cit., p. 1283-1289.
27. LEBRUN, François, op. cit., p. 36.
28. AGRIMI, Jole; CRISCIANI, Chiara, op. cit., p. 1286.
29. LEBRUN, François, op. cit., p. 29.
30. KOYRÉ, Alexandre, op. cit.
31. LEBRUN, François, op. cit., p. 30-32.
32. Ibid., p. 41.
33. KNIBIEHLER, Yvonne; FOUQUET, Catherine, op. cit., p. 178.
34. Ibid., p. 179.
35. GELIS, Jacques. La formation des accoucheurs et des sages-femmes aux XVIIe et XVIIIe siècles. Évolution d'un matériel et d'une pédagogie. *Annales de démographie historique*, 1977.
36. KNIBIEHLER, Yvonne; FOUQUET, Catherine, op. cit., p. 179.
37. CHAMBERLAIN, Mary, op. cit., p. 76-77.
38. GÉLIS, Jacques, 1977, op. cit.
39. LEBRUN, François, op. cit., p. 49.
40. KNIBIEHLER, Yvonne; FOUQUET, Catherine, op. cit., p. 181.

Século 19: Curandeiras ilegítimas mas fundamentais

1. LÉONARD, Jacques. Les guérisseurs en France au XIXe siècle. *Revue d'histoire moderne et contemporaine*, v. 27, n. 3, 1980, p. 501-516. Jacques Léonard é especialista no desenvolvimento da medicina científica, que, no século 19, entra em concorrência com as medicinas populares.
2. Ibid.
3. EDELMAN, Nicole. *Voyantes, guérisseuses, visionnaires en France (1785-1914)*. Paris: Albin Michel, 1995.
4. HOERNI, Bernard. La loi du 30 novembre 1892. *Histoire des sciences médicales*, v. XXXII, n. 1, 1998, p. 63-67.
5. SAGE PRANCHÈRE, Nathalie. *L'École des sages-femmes. Les enjeux sociaux de la formation obstétricale en France, 1786-1916*. Tese de História Contemporânea. Paris: Universidade Paris-Sorbonne, 2011. Este capítulo se apoia especialmente nessa tese, que aborda com precisão um ponto de virada decisivo na história das parteiras: o estabelecimento, ao longo do século 19, da formação obstétrica, que se torna estritamente científica e obrigatória para quem deseja exercer a função.
6. BOST, Ida. *Herbaria. Ethnologie des herboristes en France, de l'instauration du certificat en 1803 à aujourd'hui*. Tese de Etnologia. Paris: Universidade Paris Ouest-La Défense, 2016. Neste capítulo, a autora agradece a Ida Bost

pela tese fascinante que retoma a história das herbolárias, em sua maioria mulheres, de seus saberes e atividades, da emergência jurídica do trabalho a seu desaparecimento. Os esclarecimentos de Ida Bost são desenvolvidos em seu livro *Les Herboristes au temps du certificat, 1803-1941*. Paris: L'Harmattan, 2019.

7. SAGE PRANCHÈRE, Nathalie, op. cit., p. 276-279.
8. BOST, Ida, op. cit., p. 67-72.
9. SAGE PRANCHÈRE, Nathalie, op. cit., p. 469-538.
10. Ibid., p. 554-560.
11. BOST, Ida, op. cit., p. 40-46.
12. LÉONARD, Jacques, op. cit., p. 507-508.
13. SAGE, Pranchère Nathalie, op. cit., p. 531.
14. Ibid., p. 537.
15. BOST, Ida, op. cit., p. 85-92, 93-106.
16. Ibid., p. 107-113.
17. BIAGIOLI, Nicole. Les botaniques des dames, badinage précieux ou initiation scientifique? *Women in French Studies*, 2010.
18. HANAFI, Nahema. Formules domestiques: pratiques genrées de la compilation de recettes médicinales (fin XVIIe siècle-début XIXe siècle). In: RIEDER, Philip; ZANETTI, François (org.). *Materia medica. Savoirs et usages des médicaments aux époques médiévales et modernes*. Genebra: Droz, 2018. p. 147-160.
19. LOUX, Françoise, op. cit., p. 245; BOST, Ida, op. cit., p. 107-113.
20. Sobre a relação e as representações da natureza no Ocidente: ERHARD, Jean. *L'Idée de nature en France dans la première moitié du XIIIe siècle*. Paris: SEVPEN, 1963; e DESCOLA, Philippe. *Par-delà nature et culture*. Paris: Gallimard, 2005.
21. LE NAOUR, Jean-Yves; Valenti, Catherine. *Histoire de l'avortement. XIXe-XXe siècles*. Paris: Seuil, 2003; Bost, Ida, op. cit., p. 129-139.
22. FINE, Agnès. Savoirs sur le corps et procédés abortifs au XIXe siècle. *Communications*, n. 44, 1986, p. 107-136.
23. LÉONARD, Jacques, op. cit., 1980.
24. JUSSEAUME, Anne. Pratiques de l'espace hospitalier par les religieuses au XIXe siècle dans les hôpitaux parisiens: préserver un entre-soi religieux et féminin? *Genre & Histoire*, n. 17, 2016.
25. BREJON DE LAVERGNEE, Matthieu. *Histoire des Filles de la Charité (XVIIe-XVIIIe siècle)*. Paris: Fayard, 2011.
26. PEPY, Émilie-Anne. Les femmes et les plantes: accès négocié à la botanique savante et résistance des savoirs vernaculaires (France, XVIIIe siècle). *Genre & Histoire*, n. 22, 2018.

27. LAFONT, Olivier. Ouvrage de Dame et succès de librairie: les remèdes de Madame Fouquet. *Revue d'histoire de la pharmacie*, n. 365, 2010, p. 57-72.
28. LÉONARD, Jacques. Femmes, religion et médecine. Les religieuses qui soignent en France au XIXe siècle. Anais. *Économies, sociétés, civilisations*, n. 5, 1977, p. 887-907.
29. Ibid.
30. HENRI, Bon. *Précis de médecine catholique*. Paris: Alcan, 1935. p. 391, apud LÉONARD, 1980, op. cit., p. 502.
31. LÉONARD, Jacques, 1977, op. cit., p. 899-903.
32. LALOUETTE, Jacqueline. Expulser Dieu: la laïcisation des écoles, des hôpitaux et des prétoires. *Mots. Les langages du politique*, n. 27.1, 1991, p. 23-39.
33. RICAUD, Anne-Marie. La création des écoles d'infirmières à Bordeaux. *Sociologie Santé*, n. 35, 2012, p. 205.
34. SCHULTHEISS, Katrin. "La véritable médecine des femmes": Anna Hamilton and the politics of nursing reform in Bordeaux, 1900-1914. *French Historical Studies*, v. 19, n. 1, 1995, p. 183-214.
35. DIEBOLT, Evelyne. Léonie Chaptal (1873-1937), architecte de la profession infirmière. *Recherche en soins infirmiers*, v. 109, n. 2, 2012, p. 93-107.
36. HENRY, Stéphane. Histoire et témoignages d'infirmières visiteuses (1905--1938). *Recherche en soins infirmiers*, v. 109, n. 2, 2012, p. 44-56.
37. KOTOBI, Laurence et al. Réforme et "universitarisation" de la formation infirmière: une expérience en cours. *Sociologie Santé*, n. 35, 2012, p. 220-223.
38. LÉONARD, Jacques, 1980, op. cit., p. 506-507.
39. LOUX, Françoise. *Le Corps dans la société traditionnelle*. Paris: Berger-Levrault, 1979. p. 143.
40. BATTAGLIOLA, Françoise. *Histoire du travail des femmes*. Paris: La Découverte, 2008. p. 10.
41. LOUX, Françoise, 1990, op. cit., p. 253-254.
42. VERDIER, Yvonne, 1979, op. cit., p. 86-101.
43. LOUX, Françoise, 1990, op. cit., p. 209-225.
44. VERDIER, Yvonne, 1979, op. cit., p. 101-104.
45. Provérbios coletados e estudados por Françoise Loux e Philippe Richard. Alimentation et maladie dans les proverbes français. *Ethnologie française*, v. 2, n. 3/4, 1972, p. 267-286.
46. LOUX, Françoise, op. cit., 1979, p. 148-151.
47. DUSSERT-CARBONE, Isabelle. Les dictionnaires de vulgarisation médicale au XIXe siècle en France. In: BENSAUDE-VINCENT, Bernadette (org.). *La Science populaire dans la presse et l'édition, XIXe et XXe siècles*. Paris: CNRS, 1997. p. 87-101.
48. LOUX, Françoise, 1979, op. cit., p. 164.

49. LOUX, Françoise, 1979, op. cit., p. 162.
50. BENSA, Alban. *Les Saints guérisseurs du Perche-Gouët. Espace symbolique du bocage*. Paris: Mémoires de l'Institut d'ethnologie, XVII, 1978.
51. KESSLER-BILTHAUER, Déborah. *Guérisseurs contre sorciers dans la Lorraine du XXIe siècle*. Metz: Serpenoise, 2013. p. 77-78.
52. LOUX, Françoise, 1979, op. cit., p. 140.
53. FRIEDMAN, Daniel. *Splendeurs et misères du don*. Paris: Métailié, 1981.
54. CAMUS, Dominique. *Paroles magiques*. Paris: Imago, 2013. p. 48-116.
55. KESSLER-BILTHAUER, Déborah, op. cit., 2013, p. 86.
56. FAVRET-SAADA, Jeanne. *Les Mots, la Mort, les Sorts*. Paris: Gallimard, 1977.
57. EDELMAN, Nicole, 1995, op. cit., p. 39-74. Nicole Edelman é uma das únicas historiadoras a pesquisar as mulheres sonâmbulas e médiuns no século 19, esclarecendo, assim, uma parte desconhecida da história das mulheres e das medicinas profanas. Seu trabalho foi fonte essencial para este capítulo.
58. FAIVRE, Antoine. *L'Ésotérisme*. Paris: PUF, 2019.
59. SANDOZ, Thomas. *Histoires parallèles de la médecine. Des fleurs de Bach à l'ostéopathie*. Paris: Seuil, 2005, p. 254.
60. EDELMAN, Nicole, 1995, op. cit., p. 18-19; PETER, Jean-Pierre. De Mesmer à Puységur. Magnétisme animal et transe somnambulique, à l'origine des thérapies psychiques. *Revue d'histoire du XIXe siècle*, n. 38, 2009, p. 19-40, 2009.
61. FAIVRE, Antoine, 2019, op. cit.
62. EDELMAN, Nicole, 1995, op. cit., p. 46-47. Ver também: MEHEUST, Bertrand. *Somnambulisme et médiumnité*, v. 1, *Le Défi du magnétisme*. Paris: Les Empêcheurs de penser en rond, 1998.
63. EDELMAN, Nicole, 1995, op. cit., p. 44-45.
64. Ibid., p. 47.
65. LATRY, Marie-Claire. Les couturières de la nuit. *Terrain*, n. 26, 1996, p. 49-68.
66. EDELMAN, Nicole, 1995, op. cit., p. 60, 73, 79, 83.
67. Ibid., p. 60.
68. Ibid., p. 79.
69. Ibid., p. 83.
70. GUILLAUME, Cuchet. Le retour des esprits, ou la naissance du spiritisme sous le Second Empire. *Revue d'histoire moderne et contemporaine*, n. 54-2, 2007, p. 74-90.
71. EDELMAN, Nicole. Médecins et charlatans au XIXe siècle en France. *Les Tribunes de la santé*, v. 55, n. 2, 2017, p. 21-27.
72. BERGE, Christine. Chap. 8. Médiums médecins. In: *La Voix des esprits: ethnologie du spiritisme*. Paris: Métailié, 1990.

73. EDELMAN, Nicole; MONTIEL, Luis; PETER, Jean-Pierre. *Histoire sommaire de la maladie et du somnambulisme de lady Lincoln.* Paris: Tallandier, 2009.
74. BERGE, Christine. Chap. 1. Faux jumeaux pauvres. In: BERGE, Christine, op. cit.
75. LATRY, Marie-Claire, 1996, op. cit.
76. EDELMAN, Nicole, 1995, op. cit., p. 218.

Século 20: Terapeutas à margem da medicina

1. FAURE, Olivier. La médicalisation vue par les historiens. In: AÏACH, Pierre; DELANOE, Daniel (org.). *L'Ère de la médicalisation. Ecce homo sanitas.* Paris: Economica, 1998. p. 53-68.
2. ROBARD, Isabelle. *Médecines non conventionnelles et droit. La nécessaire intégration dans les systèmes de santé en France et en Europe.* Paris: Litec, 2002.
3. COLLIÈRE, Marie-Françoise, op. cit., p. 252.
4. TAIN, Laurence (org.). *Le Métier d'orthophoniste, Langage, genre et profession.* Rennes: Presses de l'EHESP, 2016; MOZÈRE, Liane. Les métiers de la crèche. Entre compétences féminines et savoirs spécialisés. *Cahiers du GEDISST*, n. 22, 1998, p. 105-123; site da associação francesa de nutricionistas: www.afdn.org.
5. CÈBE, Dominique. Pharmacie d'officine et division sexuelle du travail. In: AÏACH, Pierre; CÈBE, Dominique; CRESSON, Geneviève; PHILIPPE, Claudine (org.). *Femmes et hommes dans le champ de la santé. Approches sociologiques.* Rennes: Presses de l'EHESP, 2001, p. 149-177.
6. PAICHELER, Geneviève. Carrières et pratiques des femmes médecins en France (1930-1980): portes ouvertes ou fermées? In: AÏACH, Pierre; CÈBE, Dominique; CRESSON, Geneviève; PHILIPPE, Claudine (org.), op. cit., p. 179-196.
7. Ibid., p. 181.
8. CÈBE, Dominique, op. cit., p. 154.
9. LE FEUVRE, Nicky. La féminisation de la profession médicale: voie de recomposition ou de transformation du "genre"? In: AÏACH, Pierre; CÈBE, Dominique; CRESSON, Geneviève; PHILIPPE, Claudine (org.), op. cit., p. 197-228.
10. FOUCAULT, Michel. *A arqueologia do saber.* São Paulo: Forense Universitária, 1986; HAMAYON, Roberte. L'anthropologue et la dualité paradoxale du "croire" occidental. *Théologiques*, n. 13.1, 2005, p. 15-41.
11. SFEZ, Lucien. *La Santé parfaite. Critique d'une nouvelle utopie.* Paris: Seuil,1995.
12. FOUILLOUX, Étienne. Femmes et catholicisme dans la France contemporaine. Aperçu historiographique. *Clio. Femmes, Genre, Histoire*, n. 2, 1995; CRES-

son, Geneviève. Soins aux enfants et recours aux médecines parallèles. In: Schmitz, Olivier (org.). *Les Médecines en parallèle*. Paris: Karthala, 2006. p. 91-102.
13. Favret-Saada, Jeanne. *Les Mots, la Mort, les Sorts*. Paris: Gallimard, 1977.
14. Relato registrado pela autora em 2015, em conversa com um antigo morador de B.
15. A história dessa cuidadora, hoje falecida, foi registrada pela autora em 2019 no sudoeste francês junto aos netos dela. O nome foi alterado.
16. Schmitz, Olivier. *Soigner par l'invisible*. Paris: Imago, 2006. p. 122.
17. Lefebvre, Thierry. Le pendule et le mortier. De quelques pharmaciens radiesthésistes et de Gabriel Lesourd en particulier. *Revue d'histoire de la pharmacie*, ano 92, n. 344, 2004, p. 528.
18. Bensaude-Vincent, Bernadette. Des rayons contre raison? L'essor de la radiesthésie dans les années trente. In: Bensaude-Vincent, Bernadette (org.). *Des savants face à l'occulte. 1870-1940*. Paris: La Découverte, 2002, p. 201-226.
19. Schmitz, Olivier. *Soigner par l'invisible*, op. cit., 2006, p. 120.
20. Rochefort, Florence. Féminisme, laïcité et engagements religieux. In: Cohen, Martine (org.). *Associations laïques et confessionnelles. Identités et valeurs*. Paris: L'Harmattan, 2006. p. 35-52.
21. A história de Ghislaine foi relatada à autora em 2010 no sudoeste da França; o nome foi alterado.
22. Laplantine, François; Rabeyron, Paul-Louis. *Les Médecines parallèles*. Paris: puf, 1987.
23. Champion, Françoise. La nébuleuse mystique-ésotérique. In: Champion, Françoise; Hervieu-Leger, Danièle (org.). *De l'émotion en religion*. Paris: Éditions du Centurion, 1990; Ghasarian, Christian. Santé alternative et New Age à San Francisco. In: Masse, Benoist. *Convocations thérapeutiques du sacré*. Paris: Khartala, 2002. p. 143-163.
24. Champion, Françoise, op. cit.
25. bouchayer, Françoise. Les voies du réenchantement professionnel. In: Aïach, Pierre; Fassin, Didier (org.). *Les Métiers de la santé. Enjeux de pouvoirs et quête de légitimité*. Paris: Economica, 1994. p. 201-225.
26. Hervieu, Bertrand; Leger, Danièle. *Le Retour à la nature. Au fond de la forêt, l'État*. Paris: Seuil, 1979.
27. Relato contado à autora em 2011; o nome foi alterado.
28. Schmitz, Olivier. *Soigner par l'invisible*, op. cit., 2006, p. 21.
29. Musso, Sandrine; Sakoyan, Juliette; Mulot, Stéphanie. Migrations et circulations thérapeutiques. Odyssées et espaces. *Anthropologie & Santé*, n. 5, 2012.

30. LOMBARDI, Denise. Le voyage chamanique en tant qu'outil thérapeutique dans les pratiques néo-chamaniques en France et en Italie. In: EVRARD, Kessler-Bilthauer (org.). *Sur le divan des guérisseurs... et des autres: À quels soins se vouer?* Nancy: ALN, 2018. p. 39-56.
31. HOYEZ, Anne-Cécile. L'Ayurveda, c'est pour les Français. Interroger les recours aux soins, systèmes de santé et expérience migratoire. *Revue européenne des migrations internationales*, v. 28, n. 2, 2012, p. 149-170.
32. NIZARD, Caroline. Circulations et réappropriations des enseignements du yoga moderne. *Revista Entrerios*, n. 2.4, 2019, p. 92-109.
33. DAPSANCE, Marion. Le bouddhisme à l'occidentale: une sagesse de notre temps? *Esprit*, n. 10, 2016, p. 101-115.
34. SCHMITZ, Olivier. Multiplicité des médecines et quête de soins dans les sociétés occidentales contemporaines. In: SCHMITZ, Olivier (org.). *Les Médecines en parallèle*, op. cit., p. 5-24.
35. Informações relatadas à autora em 2009 no sudoeste francês.
36. GRISONI, Anahita. *Sous les pavés la terre: culte du bien-être et nouveaux métiers*. Tese de Sociologia. Paris: EHESS, 2011. p. 53-54.
37. CHAMPION, Françoise; HERVIEU-LEGER, Danièle (org.), op. cit.
38. GRISONI, Anahita, op. cit., p. 53-54; SANDOZ, Thomas, op. cit., p. 36-37.
39. ROCCHI, Valérie. De nouvelles formes du religieux? Entre quête de bienêtre et logique protestataire: le cas des groupes post-Nouvel-Âge en France. *Social Compass*, v. 2, n. 50, 2003, p. 175-189.
40. ILLOUZ, Eva; CABANAS, Adgar. *Happycratie. Comment l'industrie du bonheur a pris le contrôle de nos vies*. Paris: Premier Parallèle, 2018.
41. REQUILE, Élise. Entre souci de soi et réenchantement subjectif. Sens et portée du développement personnel. *Mouvements*, n. 2, 2008, p. 65-77.
42. CASTEL, Robert; ENRIQUEZ, Eugène; STEVENS, Hélène. D'où vient la psychologisation des rapports sociaux? *Sociologies pratiques*, v. 2, n. 17, 2008, p. 15-27.
43. Essa consulta foi relatada à autora por uma cliente de Ghislaine em 2008 no sudoeste da França.
44. Relatos registrados pela autora em 2010 no sudoeste da França; o nome foi alterado.
45. CANT, Sarah; SHARMA, Ursula. *A New Medical Pluralism: Complementary Medicine, Doctors, Patients and the State*. Londres: Routledge, 1999.
46. EHRENBERG, Alain. *La Fatigue d'être soi. Dépression et société*. Paris: Odile Jacob, 1998; ILLOUZ, Eva; CABANAS, Edgar, op. cit.
47. GIDDENS, Anthony. *Modernidade e identidade*. Rio de Janeiro: Zahar, 2002. Ver também ILLOUZ, Eva; CABANAS, Edgar, op. cit.

48. FOUCAULT, Michel. *História da sexualidade, v. 3: O cuidado de si*. Rio de Janeiro: Graal, 1985.
49. LEMONNIER, Clara. *Quêtes de soins au féminin. Une ethnographie des maux de femmes et du pluralisme thérapeutique en Médoc (France)*. Tese de Doutorado em Antropologia. Bordeaux: Universidade de Bordeaux, 2016. p. 435-440.
50. LE FEUVRE, Nicky; BENELLI, Natalie; REY, Séverine. Relationnels, les métiers de service? *Nouvelles questions féministes*, v. 31, n. 2, 2012, p. 4-12.
51. Com base em entrevistas qualitativas conduzidas pela autora. A pesquisa sobre os usos de intervenções não medicamentosas na França conduzida pelo professor Grégory Ninot em 2019 confirma essa tendência à feminização dos praticantes, profissionais de saúde ou não, de medicinas complementares e alternativas (https://plateformeceps.www.univ-montp3.fr/).
52. BOUCHAYER, Françoise, op. cit.
53. CAMBOURAKIS, Isabelle. Un écoféminisme à la française? Les liens entre mouvements féministe et écologiste dans les années 1970 en France. *Genre & Histoire*, n. 22, out. 2018.

Século 21: A vingança das curandeiras?

1. Webzine *Quelle place pour les médecines complémentaires?* Conseil national de l'Ordre des médecins, 2015. Disponível em: https://youtu.be/IAOZkBJit-o.
2. NINOT, Grégory. *Premiers résultats de l'enquête sur l'usage des INM en France*. Plateforme CEPS, 2019.
3. COHEN, Patrice (org.). *Cancer et pluralisme thérapeutique. Enquête auprès des malades et des institutions médicales en France, Belgique et Suisse*. Paris: L'Harmattan, 2015. p. 19.
4. Ver, especificamente, os relatórios anuais de 2006, 2008, 2009 e 2010. Disponível em: https://www.derives-sectes.gouv.fr/publications-de-la-miviludes/rapports-annuels.
5. Relatos registrados pela autora em 2013 no sudoeste da França; o nome foi alterado.
6. Situações relatadas à autora entre 2010 e 2016 no sudoeste da França.
7. BENOIST, Jean. *Soigner au pluriel. Essais sur le pluralisme médical*. Paris: Karthala, 1996.
8. OMS. Principes méthodologiques généraux pour la recherche et l'évaluation relatives à la médecine traditionnelle. Genebra, 2000; OMS. Stratégie de l'OMS pour la médecine traditionnelle pour 2002-2005. Genebra, 2002; OMS. Stratégie de l'OMS pour la médecine traditionnelle pour 2014-2023. Genebra, 2013.
9. COHEN, Patrice; DAMBRE, Frédérique. Sciences sociales: Comment comprendre les médecines complémentaires et alternatives au sein des systèmes

de santé?. In: Suissa, Véronique; Guérin, Serge; Denormandie, Philippe (org.). *Médecines complémentaires et alternatives: pour ou contre? Regards croisés sur la médecine de demain*. Paris: Michalon, 2019. p. 125.

10. Ninot, Grégory (org.). *Démontrer l'efficacité des interventions non médicamenteuses. Question de point de vue*. Montpellier: pulm, 2013.
11. Relatos registrados pela autora em 2017 no sudoeste da França; o nome foi alterado.
12. Le Menestrel, Sarah. Chasser l'avatar. Controverses, certification et éthique dans le champ scientifique émergent de la mindfulness (France, États-Unis). *Terrain*, no prelo.
13. Aslangul, Claude. Théorie quantique et médecine: le point de vue d'un physicien. *Hegel*, v. 6, n. 2, 2016.
14. Cohen, Patrice (org.), op. cit., 2015.
15. Centre d'analyse stratégique du Premier ministre. "Quelle réponse des pouvoirs publics à l'engouement pour les médecines non conventionnelles?" *Questions sociales, La note d'analyse*, n. 290, 2012.
16. Cohen, Patrice; Dambre, Frédérique, op. cit. Essas sociólogas pesquisam a questão específica da medicina integrativa e apontam especialmente as ambiguidades atuais.
17. Chollet, Mona, op. cit.
18. Goldblum, Caroline. *Françoise d'Eaubonne et l'écoféminisme*. Paris: Le Passager clandestin, 2009.
19. Cambourakis, Isabelle, op. cit.
20. Guillaumin, Colette. Pratique du pouvoir et idée de Nature. L'appropriation des femmes. *Questions féministes*, 1978, p. 5-30, 1978; Mathieu, Nicole-Claude. Homme-culture et femme-nature? *L'Homme*, 1973, p. 101-113.
21. Le Naour, Jean-Yves; Valenti, Catherine, op. cit.
22. Chollet, Mona, op. cit., p. 24.
23. Rountree, Kathryn. *Embracing the Witch and the Goddess. Feminist Ritual-Makers in New Zealand*. Londres: Routledge, 2003.
24. Stengers, Isabelle. Magie et résurgence. Prólogo. In: Starhawk. *Quel monde voulons-nous?* Paris: Cambourakis, 2016. p. 23-24.
25. Querrien, Anne. Starhawk, écoféministe et altermondialiste. *Multitudes*, v. 67, n. 2, 2017, p. 54-56.
26. Memmi, Dominique. Administrer une matière sensible. Conduites raisonnables et pédagogie par corps autour de la naissance et de la mort. In: Fassin, Didier; Memmi, Dominique (org.). *Le Gouvernement des corps*. Paris: ehess, 2004.

27. QUAGLIARIELLO, Chiara; RUAULT, Lucile. Accoucher de manière "alternative" en France et en Italie. *Recherches sociologiques et anthropologiques*, n. 48-2, 2017, p. 53-74.
28. FROIDEVAUX-METTERIE, Camille. *La Révolution du féminin*. Paris: Gallimard, 2015.
29. Na religião wicca feminista estadunidense, as terapeutas se envolvem desde 1970-1980 no acompanhamento das mulheres para seu empoderamento. Ver: WARWICK, Lynda L. Feminist wicca: paths to empowerment. *Women & Therapy*, n. 16.2-3, 1995, p. 121-133.
30. Relatos registrados pela autora no sudoeste da França em 2012; o nome foi alterado.
31. Relatos registrados pela autora no sudoeste da França em 2019; o nome foi alterado.
32. LEMONNIER, Clara. Les recours aux soins non conventionnels pour les maux de femmes. Quêtes de soins et redéfinitions des normes de genre. In: KESSLER-BILTHAUER, Evrad. *Sur le divan des guérisseurs*. Paris: Archives contemporaines, 2018.
33. VERDIER, Yvonne, op. cit.
34. Relatos registrados pela autora em 2012 no sudoeste da França; o nome foi alterado.
35. Relatos registrados pela autora em 2019 na região de Paris; o nome foi alterado.
36. FUSSINGER, Catherine et al. S'approprier son corps et sa santé. Entretien avec Rina Nissim. *Nouvelles questions féministes*, v. 25, n. 2, 2006, p. 98-116.
37. Relatos registrados pela autora em 2019 no leste da França; o nome foi alterado.
38. CARVALHO, Diana. *Woman Has Two Faces: Re-Examining Eve and Lilith in Jewish Feminist Thought*. Tese da Faculdade de Artes e Humanidades. Universidade de Denver, 2009.
39. Relatos registrados pela autora em 2011 no sudoeste da França; o nome foi alterado.

Século 21: Nas mãos das curandeiras

1. Relatos registrados pela autora em 2019 no sudoeste da França; o nome foi alterado.
2. Devemos notar que é igualmente comum ouvir o relato de provações semelhantes no percurso dos homens terapeutas entrevistados. Contudo, é mais frequente que as mulheres relatem episódios de violência e expressem

dores ligadas a questões de sexualidade e reprodução.
3. Devemos à antropóloga Christine Bergé essa bela analogia entre o arquétipo do herói e o que as pessoas em busca de cuidado, sentido e espiritualidade no contexto ocidental dizem viver. Ver sua obra *Héros de la guérison. Thérapies alternatives aux États-Unis*. Paris: Les Empêcheurs de penser en rond, 2005.
4. Relato registrado pela autora em 2010 no sudoeste da França; o nome foi alterado.
5. DUNN, Frederick L. Traditional Asian medicine and cosmopolitan medicine as adaptive systems. In: LESLIE, Charles (org.). *Asian Medical Systems*: A Comparative Study, v. 3, Motilal Banarsidass Publishers, v. 3, 1998 (1976). p. 133-158.
6. SAKOYAN, Juliette; MUSSO, Sandrine; MULOT, Stéphanie. Quand la santé et les médecines circulent. Introduction au dossier thématique Médecines, mobilités et globalisation. *Anthropologie & Santé*, n. 3, 2011.
7. Como explica Denise Lombardi, no neoxamanismo, cada participante viaja em busca de mensagens nos mundos "sutis" úteis para seu desenvolvimento pessoal no mundo real. Ver: LOMBARDI, Denise, op. cit.
8. Combinar com originalidade diferentes abordagens terapêuticas para compor um leque mais amplo de serviços oferecidos com mais eficiência é uma tendência em globalização. Ver: PORDIE, Laurent; SIMON, Emmanuelle (org.). *Les Nouveaux Guérisseurs: biographies de thérapeutes au temps de la globalisation*. Paris: EHESS, 2013.
9. Relatos registrados pela autora em 2016 no sudoeste da França; o nome foi alterado.
10. CANT, Sarah; SHARMA, Ursula, op. cit.; GRUENAIS, Marc-Éric. La professionnalisation des "néo-tradipraticiens" d'Afrique centrale. In: GRUENAIS, Marc-Éric; MEBTOUL, Mohamed (org.). Les mondes des professionnels de la santé face aux patients. *Santé publique et sciences sociales*, n. 8-9, 2002, p. 217-239.
11. A identidade das curandeiras e dos clientes foi alterada para respeitar seu anonimato.

AGRADECIMENTOS

A autora agradece calorosamente a sua família e a seu companheiro, Mathieu, pelo apoio cotidiano; aos professores e pesquisadores que compartilharam seu trabalho sobre esses temas sensíveis, à equipe da editora L'Iconoclaste e a Julia Pavlowitch pela confiança. Gratidão profunda às mulheres curandeiras que aceitaram compartilhar parte de sua história.

SOBRE A AUTORA

Clara Lemonnier é uma antropóloga francesa graduada na Universidade de Bourdeaux, onde se dedicou a pesquisas sobre os cuidados realizados por mulheres à margem da medicina tradicional, em áreas urbanas e rurais no sudoeste da França. A sua tese de doutorado é uma etnografia centrada na pluralidade de tratamentos associados às doenças consideradas femininas na França rural. Ela também participou de um estudo socioantropológico na região francesa semirrural de Médoc sobre assistência médica do Estado em relação à saúde sexual e reprodutiva de mulheres imigrantes indocumentadas. Sua ideia em desenvolver um livro sobre o trabalho das curandeiras ao longo da história foi tornar o tema acessível ao público geral.

TIPOGRAFIA	Freight Pro [TEXTO] Nagel VF e Freight Pro [ENTRETÍTULOS]
PAPEL	Pólen Natural 70 g/m² [MIOLO] Couché 150 g/m² [CAPA] Offset 150 g/m² [GUARDA]
IMPRESSÃO	Ipsis Gráfica [OUTUBRO DE 2024]